牛顿科学馆

Newton
Science Museum

数学都知道 ②

蒋 迅 王淑红◎著

北京师范大学出版集团
BEIJING NORMAL UNIVERSITY PUBLISHING GROUP
北京师范大学出版社

图书在版编目(CIP)数据

数学都知道.2/蒋迅，王淑红著.—北京：北京师范大学出版社，2016.12(2018.6 重印)

（牛顿科学馆）

ISBN 978-7-303-20949-1

Ⅰ.①数… Ⅱ.①蒋… ②王 Ⅲ.①数学－普及读物 Ⅳ.①O1-49

中国版本图书馆 CIP 数据核字(2016)第 170617 号

营 销 中 心 电 话　010-58805072　58807651
北师大出版社学术著作与大众读物分社　http://xueda.bnup.com

SHUXUE DUZHIDAO 2

出版发行：北京师范大学出版社 www.bnup.com
　　　　　北京市海淀区新街口外大街 19 号
　　　　　邮政编码：100875
印　　刷：大厂回族自治县正兴印务有限公司
经　　销：全国新华书店
开　　本：890 mm×1240 mm　1/32
印　　张：9.5
字　　数：220 千字
版　　次：2016 年 12 月第 1 版
印　　次：2018 年 6 月第 3 次印刷
定　　价：35.00 元

策划编辑：岳昌庆　　　　　责任编辑：岳昌庆　谢子玥
美术编辑：王齐云　　　　　装帧设计：王齐云
责任校对：陈　民　　　　　责任印制：马　洁

数学都知道

王梓坤题

2016. 6

中国科学院院士、曾任北京师范大学校长(1984～1989)的王梓坤教授为本书题字。

序 言

　　我们与《数学都知道》的第一作者蒋迅相识于改革开放之初。那时他是高中毕业直接考入北京师范大学的 1978 级学生，我们是荒废了 12 年学业，在 1978 年初入校的"文化大革命"后首批研究生。王昆扬为 1977 级、1978 级本科生的"泛函分析"课程担任辅导教师。

　　蒋迅无疑是传统意义上的好学生，勤奋上进，刻苦认真。他的父母都是数学工作者，前者潜心教书，一丝不苟；后者热情开朗，乐于助人，在同事中口碑甚好。在一个人的成长过程中，家庭的潜移默化即便不是决定性的，也是至关重要的一个因素。蒋迅选择学习数学，或许有这一因素。

　　本科毕业后，蒋迅报考了研究生，师从我国著名的函数逼近论专家孙永生教授。恰逢王昆扬在孙先生的指导下攻读博士学位，于是便有了共同的讨论班及外出参加学术会议的机会，切磋学问。在这以后，与当年诸多研究生一样，蒋迅选择了出国深造，得到孙先生的支持。他在马里兰大学数学系获得博士学位，留在美国工作。

　　由于计算机的蓬勃兴起，那个年代留在美国的中国学生大多数选择了计算机行业，数学博士概莫能外。由于良好的数学功底，他们具有明显的优势。蒋迅现在美国的一个研究机构从事科学计算，至今已有十五六年。

　　尽管已经改行，但蒋迅热爱数学的初衷终是未能改变。本套书第 2 册第十章"俄国天才数学家切比雪夫和切比雪夫多项式"介绍了函数逼近论的奠基人及其最著名的一项成果，可以看作蒋迅对纯数学的眷恋与敬意。孙永生先生的在天之灵如有感知，一定会高兴的。

　　蒋迅笔耕不辍，对祖国的数学普及工作倾注了极大的心血。几年前，张英伯邀请他为数学教育写点东西，于是他在科学网上开辟了一个数学博客"天空中的一个模式"，本书的标题"数学都知道"便取自他的博客中广受欢迎的一个栏目。书中集结了他多年来发表在自己的博客、《数学文化》《科学》等报纸杂志上以及一些新写的文章。

　　本套书的第二作者是我国数学史领域的一位后起之秀王淑红。她将到不惑之年，已经发表论文 30 余篇，主持过国家自然科学基金和省级基金项目，堪称前途无量。据她讲，她受到蒋迅很大的影响，在后者的指导下，参与撰写了本套书的部分章节和段落，与蒋迅共同完成了本套书的写作。

　　本套书的内容涉猎广泛，部分文章用深入浅出的语言介绍高等和初等的数学概念，比如牛顿分形、爱因斯坦广义相对论、优化管理与线性规划、对数、π 与 $\sqrt{2}$ 等。部分文章侧重数学与生活、艺术的关系，充满了趣味性，比如雪花、钟表、切蛋糕、音乐与绘画等。特别应该指出的是，由于长期生活在美国，蒋迅得以准确地向读者介绍那里发生的事情，比如奥巴马总统与 6 位为美国赢得奥数金牌的中学生一起测量白宫椭圆形总统办公室的焦距、美国的奥数与数学竞赛、美国的数学推广月等。在全书的最后，他介绍了华裔菲尔兹奖得主陶哲轩的博客以及一位值得敬重的旅美数学家杨同海。

　　全书文笔平实、优美，参考文献翔实，是一套优秀的数学科普著作。

北京师范大学数学科学学院

张英伯[①]、王昆扬[②]

2016 年 6 月

---

① 张英伯　北京师范大学数学科学学院教授，理学博士，博士生导师。1991 年获教育部科技进步奖。曾任中国数学会常务理事，基础教育委员会主任，国际数学教育委员会执行委员，北京师范大学数学系学术委员会主任，《数学通报》主编。

② 王昆扬　北京师范大学数学科学学院教授，理学博士，博士生导师。1989 年获国家教委科技进步一等奖和国家自然科学四等奖。2001 年获全国模范教师称号，2008 年获高等学校教学名师称号。

前　言

　　中国航天之父钱学森先生曾问："为什么我们的学校总是培养不出杰出的人才?"仅此一问，激起了我们若干的反思与醒悟。综观发达国家的教育，无不重视文化的构建和熏陶以及个人兴趣的培养，并且卓有成效，因此，良好科学文化氛围的培育是人才产出和生长的土壤，唤醒、激励和鼓舞人们对科学的热爱是人才培养中不可或缺的一环。数学王子高斯曾言："数学是科学的女王。"因此，数学文化在科学文化的构建和培育中不仅占有一席之地，而且是重中之重。

　　数学作为一种文化，包括数学的思想、精神、方法、观点、语言及其形成和发展，也包括数学家、数学美、数学史、数学教育、数学发展中的人文成分、数学与社会的联系以及数学与各种文化的关系等。自古以来，数学与文化就相互依存、相互交融、共同演化、协调发展。但在过去的600多年里，数学逐渐从人文艺术的核心领域游离出来，特别是在20世纪初，数学就像一个在文化丛林中迷失的孤儿，一度存有严重的孤立主义倾向。在我们的数学教学中，数学也变成一些定义、公式、定理、证明的堆砌，失去了数学原本的人文内涵、意趣和华彩。

　　幸运的是，很多有真知灼见的大数学家们对此已有强烈的意识和责任感，正在通过出版书籍、发表文章、开设数学文化课程、创办数学文化类杂志、网站等一系列举措来努力唤醒数学的文化属性，使其发挥应有的知识底蕴价值和人文艺术魅力。中国科学院院士李大潜教授在第十届"苏步青数学教育奖"颁奖仪式上特别指出："数学不能只讲定义、公式和定理，数学教育还要注重人文内涵。数学教育要做好最根本的三件事：数学知识的来龙去脉、数学的精神实质和思想方法、数学的人文内涵。"

我们对此亦有强烈共鸣，数学与人文本是珠联璧合、相得益彰的，数学教育者理所应当要注重在数学教学中播撒人文旨趣，丰盈学生的人文精神世界。本系列书选取一些典型且富有特色的与生活实际和现实应用有关的数学问题，并紧紧围绕数学这一主题，自然延伸到与之交叉、渗透的若干领域和方面，试图通过新颖雅致的内容、简练清晰的文字、弥足珍贵的图片、趣味十足而又颇具启发性的问题等，竭力呈献给读者一幅幅数学与生活、数学与科技、数学与艺术、数学与教育等共通互融的立体水墨，以期对弥合数学与文化之间的疏离贡献一点光和热。

生活中处处有数学。当你在寒冷的冬季看到纷纷扬扬的雪花，吟哦诗人徐志摩的动人雪花诗篇时，是否想过雪花的形状有多少种？它们是在什么条件下形成的？它们能否在计算机上模拟？能否用数学工具来彻底解决雪花形成的奥秘？

当你倾听美妙的音乐或弹奏乐器时，是否想过数学与音乐的关系？数学家与音乐的关系？乐器与数学的关系？相对论的发明人爱因斯坦说过："这个世界可以由音乐的音符组成，也可由数学的公式组成。"实际上，数学与音乐是两个不可分割的魂灵，很多数学家具有超乎寻常的音乐修为，很多数学的形成和发展都与音乐密不可分。

当你提起画笔时，是否想过有人用笔画出了高深的数学？是否想过画家借助数学有了传世的画作？是否想过数学漫画在科学普及中的独特功用？

　　当你开车在路上、漫步在街道、徜徉在人海时，是否仔细留意过路牌、建筑、雕塑等？是否在其中品出过数学的味道？我们在本系列书中会带给大家这种随处与数学偶遇的新鲜体验。

　　数学并不是干瘪无味的，其具有自身的内涵和气韵。数学虽然并不总是以应用为目的，但是数学与应用的关系却是非常密切的。在本系列书中，我们会介绍一些生动有趣的数学问题以及别开生面的数学应用。

　　数学的传播和交流十分重要。英国哲学家培根曾指出："科技的力量不仅取决于它自身价值的大小，更取决于它是否被传播以及被传播的广度与深度。"我们特意选取几个国外独具特色的交流活动，进行隆重介绍，也在书里间或推介其他一些中外数学写手，以期能对国内的数学普及活动有所启示和借鉴。

　　英年早逝的挪威数学家阿贝尔说："向大师们学习。"培根说："历史使人明智。"我们专门或穿插介绍了一些史实和数学家的奇闻逸事，希望读者能够沐浴到数学家的伟大人格和光辉思想，从而受到精神的洗礼和有益的启迪。

　　在岳昌庆副编审的建议下，本系列书先期发行三册，每册的正文包含15章左右。第1册的内容主要侧重于数学与艺术和生活的关系等；第2册的内容主要侧重于一些生动有趣的数学问题和数学活动等；第3册的内容主要侧重于数学的应用等。下面是各册的主要篇目。

【第 1 册】

第一章　雪花里的数学

第二章　路牌上的数学、计算游戏 Numenko 和幻方

第三章　钟表上的数学与艺术

我们可能都注意到，幼小的儿童常常最具有想象力，而随着在学校的学习，他们的知识增加了，但想象力却可能下降了。很遗憾，学习的过程就是一个产生思维定式的过程，不可避免。教师和家长所能做的就是让这个过程变成一个形成—打破—再形成—再打破的过程。让学生认识到，学习的过程需要随时从不同的角度去思考，去看事物的另一面。本系列书希望给学生、教师和家长提供打破这个循环的一个参考。

特别需要提醒读者的是，我们的行文描述并不仅仅停留在问题的表面,我们会通过自己多年积累的研究和观察,将它们从纵向推进到问题的前沿,从横向尽可能使之与更多问题相联系,其中不乏我们的新思维、新视角和新成果。数学的累积特性明显,数学大厦的搭建并非一日之功。通常来讲,为数不多的具有雄才大略的数学家,高瞻远瞩地搭建起数学的框架,描绘出数学的宏伟蓝图。那么,人们如何去把这个框架填充起来?该填充些什么?又该如何去扩展?我们花费心思,在本系列书中给出了大量的扩展思考(用符号 $\boxed{Q}$ 表示)和相关问题(用符号 题 表示),其目的就是希望给读者一个提示或指引,希望读者学会联想和引申思考,增强阅读的主动性,从而发现潜在的研究课题。这也是本系列书的一大特色。需要说明的是,这些题目有难有易,即便不会也无妨碍,仅作学习和教学的参考未尝不可。

我们在每一个章末都注有参考文献,每一册末编制了人名索引(不包括尚健在的华裔和中国人),以便于读者参阅和延伸阅读。在行文中也会注意渗透我们的哲思和体悟,用发自内心的情感来感染读者,希望读者能够有所体会和领悟。

数学应该是全民的事业。数学的传播应该由大家一起来完成。社会媒体的出现为我们提供了一个前所未有的机遇。实际上,本系列书的缘起要从第一著者在科学网开办"数学都知道"专栏谈起。自 2010 年起,第一著者在科学网开设了博客,着重传播数学和科学内容,设有"数学文化""数学都知道""够数学的"等几个专栏。其中"数学都知道"专栏相对更受欢迎一些。我们将在每册的附录里对这个专栏作较为深入的介绍。需要强调的是,这个专栏与本系列书有本质的不同。"数学都知道"专栏是一个数学信息的传播渠道,属于摘抄的范畴,而本系列书则是我们两人多年来数学笔耕的结晶。除了已公开发表的文章外，本系列书不少章节是从未发表过的。但由于这个专栏的成功，我们在此借用它作为本系列书的书名。在此，感谢科学网提供博客平台，也感谢科学网编辑的支持！

在本系列书中，我们试图把读者群扩大到尽可能大的范围，所以对数学知识的要求从小学、初中到大学、研究生的水平都有。本系列书可以作为综合大学、师范院校等各专业数学文化和数学史课程的参考书，供数学工作者、数学教育工作者、数学史工作者、其他科技工作者以及学生使用，也可以作为普及读物，供广大的读者朋友们阅读，对想了解数学前沿的研究生亦开卷有益。

本系列书含有许多图片。对于非著者创作的图片，我们遵循维基百科的使用规则和原著者的授权；对于著者自己提供的图片，遵循创作共用授权相同方式共享(Creative Commons license-share-alike)。本系列书所有章节都参考了维基百科上的内容。为避免重复，我们没有在各章的参考文献中列出。

虽然第一著者现在已经不再专门从事数学的教育和研究工作，但出于对数学难以割舍的情感而在业余时间里继续写作数学科普小品文。在一定的积累之后，著书的想法已然在心里萌生。最终决定与同为数学专业的第二著者一起合作本系列书，更多地是为了心灵的安宁，为了心智的荣耀。而我们是否能最终得到这份安宁和荣耀，则要请读者来给予评判。

寒来暑往韶华过，春华秋实梦依在。我们说有一颗怎样的心就会有怎样的情怀，有怎样的情怀就会做怎样的梦。如果读者在阅读本系列书时，能感受到我们的满腔赤诚，将是对我们最大的褒奖！如果读者在阅读中有所收获，将是对我们莫大的慰藉！如果全社会能营造起良好的数学文化氛围，相信"钱老之问"就有了解决的一丝希望。腹有诗书气自华，最是书香能致远。衷心希望本系列书对读者有所裨益！

由于本系列书涵盖的内容十分广泛，有些甚至是尖端科技领域，限于著者水平，错误和疏漏在所难免，我们真诚地欢迎广大读者朋友们予以批评和指正，以便我们进一步更正和改进。

在本系列书即将付梓之时，我们首先衷心感谢王梓坤先生为本书题字。王先生虽然高龄，但在我们提出请求后的当天就手书了五个书名供我们挑选。衷心感谢为本系列书提出宝贵建议和意见的专家和学者们！衷心感谢张英伯、王昆扬教授一如既往的大力支持和无私惠助；衷心感谢母校老师对我们的悉心培养！衷心感谢《数学文化》编辑部所有老师对我们的厚爱；第一著者借此机会衷心感谢他的导师孙永生先生的谆谆教诲。孙先生已经离开了我们，但他对第一著者在数学上的指导和在如何做人方面的引导是第一著者终生的财富。还要衷心感谢科学网博客和新浪微博上的诸多网友，特别是科学网博客的徐传胜、王伟华、李泳、程代展、王永晖、李建华、曹广福、梁进、杨正瓴、张天蓉、武际可和新浪微博的"万精油①墨绿"、数学与艺术 MaA、ouyangshx、哆嗒数学网等网友。我们通过他（她）们获得了一些写作的灵感和素材。衷心感谢北京师范大学出版社张其友编审的大力支持和热心帮助！衷心感谢北京师范大学出版社负责本系列书出版的领导和老师们！

最后，衷心感谢我们的家人给予的温暖支持！

蒋迅，王淑红
2016 年 3 月

① 此处为笔名或网名。全套书下同。

目　录

第一章 乘法口诀漫谈

数学中最基本的运算是加减乘除四则运算，加减运算相对简单，而乘除运算稍微复杂。对于这些运算，世界上不同文明地区的发源和现状不尽相同，而具有 5 000 年灿烂文化的华夏文明在数字的乘法运算上应该可以拔得头筹，这要归功于它有九九乘法表。

1. 中国的乘法口诀及其优越性

中国的乘法口诀表，又称九九乘法表，因古代自上而下背起，亦即从"九九八十一"开始，到"一一得一"止，所以取表中的前两个字，遂得其名。我们可不要小视这一张小小的表，它可是亿万国人计算乘法的锦囊，蕴含的智慧和能量远非他国所能比拟。

在中国，滚瓜烂熟地背诵乘法口诀表是学童的必修课。因为它朗朗上口，简单易学，所以对于几乎所有的孩子都不在话下。这种思维的养成几乎会伴随每个人一生，即便而后有些孩子移民到英语国家，逐渐以英文为日常用语，但只要涉及计算乘法，基本上都先用中文的乘法口诀得出结果，再译成英文。

为什么要经此周折呢？这并不是因为思维定式，而是速度决定取舍，乘法口诀比英语口算的计算速度快，这已经是一个共识。于是，为了培养孩子的乘法计算能力，从中国移民到英语国家的父母，即便抛弃了把中文作为孩子的母语，也通常会在孩子上小学之前，就要求孩子背诵乘法口诀表。孩子们不需要知道背诵的是什么东西，只需把它作为一首中国古诗来机械记忆即可。等他们在学校里学乘法时，就能体会到父母的良苦用心。我曾就此问过很多华裔少年，凡是学过九九乘法表的人都异口同声地说，尽管他们平时说英语，但做乘法运算时却用中文。这些无不说明了中国乘法口诀表的优越性，所以传承是必然的。

图 1.1 《里耶秦简》特种邮票一套 2 枚，第 1 枚以
"乘法九九口诀"简牍为图案 /中国邮政局

乘法口诀的历史悠久，距今大约有 3 000 年的历史了，是中国古代数学的瑰宝。据 2014 年 1 月的报道，清华大学 5 年前得到了一批战国竹简，其年代早于公元前 305 年，研究人员在上面发现了一个乘法矩阵结构，可用于计算 0.5 到 99.5 之间整数或半整数相乘的结果。其实早在 2002 年 6 月，湖南省文物考古研究所出土的湘西里耶秦简上就记载了九九乘法表（如图 1.1）。甚至有报道说，日本也出土了载有乘法口诀的木简，可见中国的数学研究也

早已漂洋过东海，在日本播种。

乘法随处浸润在我们的生活中。关于乘法的典故也并不鲜见，比如孔子的"3×8＝23"和"不管三七二十一"。前者告诉人们不要得理不让人，后者则是讥喻不识好歹、不分是非的言行。

有一次，诗人陈梦家讲《论语》时，读到"暮春者，春服既成，冠者五六人，童子六七人，浴于沂，风乎舞雩，咏而归"。有学生发出怪问："老师，请问'孔门弟子七二贤人，有几人结了婚？几人没结婚？'"这无厘头的问题引得满场哄堂大笑，众学生都为陈梦家捏了把汗。陈梦家灵机一动，就诗中数字"戏"解道："冠者五六人，五六得三十，故三十个贤人结了婚；童子六七人，六七得四十二，四十二个没结婚，三十加四十二，正好七十二贤人。"

中国人对九九乘法表的重视和青睐历来有之，有了互联网后，乘法时常在互联网上荡起一些波澜。2013 年 1 月，华中师范大学的工程师彭翕成在科学网博客写了"九九乘法表那些事"，后来增加了网友推荐的一个视频。据视频显示，一个幼儿被母亲严厉督查背诵九九乘法表。这篇文章被科学网加为精华，掀起一片讨论的热潮。我们认为，家长重视乘法表固然无错，但小孩子毕竟不懂原委，有时缺乏主动性，家长要善于引导，发挥一些聪明才智，让孩子快乐地背，快乐地学，而不能只是严厉地强迫。

我虽无背诵九九乘法表的痛苦经历，但在美国教授数学时，却亲眼看到美国学生连简单的乘法都要借助于计算器，过程烦琐，速度又慢。数学从业者似乎对此也无计可施。有位名人做了一个用手指做乘法的视频，却只能对"9×N"这一特殊情况适用。于是，我略给学生讲点小小的技巧，学生就特别惊奇。每每此时，中华民族的自豪感都会油然而生。

实际上，美国学生家长与中国学生家长一样，也对这个问题很感兴趣，经常自发地在网上讨论如何教孩子们背诵乘法。其中有些人认为，中国和日本等国的孩子学习乘法就像在唱歌。这当然是指我们的乘法口诀表，也间接地印证了九九乘法表素有"歌谣""歌诀"的美誉。

话到这里，可能大家有些不解的是，既然中国的九九乘法表这么先进和好用，却为什么没有像其他的古代发明一样，在英文、法文、德文等西语系国家流行呢？甚至没有在古巴比伦和古埃及出现，又是为何呢？我们推测，一方面，当时这些地方很可能有了绕过乘法表的方法。古巴比伦人使用的是 60 进制，古埃及人使用了本质上等价于二进制的算法。另一方面，也许语言是一个屏障。

最后在转入下一个话题之前，我们想说，乘法口诀一定要在小学二年级之前搞定，最好是在学前班里搞定。在此之前的数数阶段里，不但要会连续数数，也要会跳着数数，比如 2，4，6，8，10，还要有 2，1；2，2；2，3；2，4 这样的类型。这其中已经包含乘法口诀的内容了。

2. 小心错用乘法

虽然乘法口诀有奇特功效，但并不意味着会背诵乘法口诀就能在乘法运算方面百战百胜。事实上，即使有人能对乘法口诀倒背如流，也有马失前蹄计算出错的时候。究其原因，很可能是错误地使用了数学的定律。我们来看看下面的这幅漫画就能略解一二（如图 1.2）。

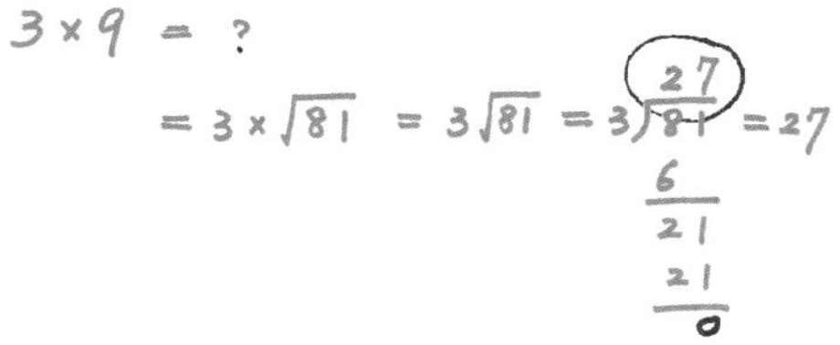

3×9 = ?
= 3×√81 = 3√81 = 3)81 = 27
27
6
21
21
0

图 **1.2**　歪打正着的乘法/作者

这是根据著名的以数学和科学为主体的漫画网站 xkcd.com 上的一个重新绘制的作品。这个作品说明，老师批改作业时不能只看最后的答案，还要看过程，因为这个计算过程清楚地说明了有些学生确实是歪打正着地得到正确结果的。

也有一些电视娱乐节目故意用一些不合常规的计算技巧来迷惑和取悦观众。比如，一对儿美国 20 世纪四五十年代的脱口秀演员艾伯特和科斯特洛做了一段与算术有关的节目。在这段节目里，科斯特洛给观众演示如何证明 13×7＝28，很有意思。他的计算过程是这样的：先用 3 乘 7，得 21；然后用 1 乘 7，得 7 并放在第 2 行上；最后 21＋7＝28(如图 1.3)。有趣的是，当他将 7 个 13 相加时，仍然得到 28。读者能否猜出他使用的小技巧？

13
X 7
21
7

图 **1.3**　美国小品中的 13×7＝28/作者

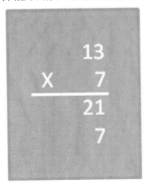

3. 不用口诀也能做乘法

与乘法运算有关的故事颇多，下面我们选取一两个有趣的故事同大家分享。

据说印度的乘法表比中国的九九乘法表大得多，是从 1 背到 19（19×19），称为"印度 1919 乘法"。那么面对这么大的乘法表，印度人是怎样训练孩子的呢？有一本名为《印度式计算训练》的书对这个问题专门作了介绍。下面举例说明一下。比如，要计算 18×14，印度人的计算过程为：

第 1 步：把 18 与乘数的个位数 4 加起来，得 $18 + 4 = 22$；第 2 步：把第 1 步的答案乘以 10（即后面加个 0），得 $22 \times 10 = 220$；第 3 步：把被乘数的个位数 8 乘以乘数的个位数 4，得 $8 \times 4 = 32$；第 4 步：把第 2 步和第 3 步的结果相加，得 $220 + 32 = 252$。这个方法用到的是一个奇妙的分解方法：

$18 \times 14 = (18 + 4) \times 10 + 8 \times 4$。

我们不妨用这个方法再来看一个例子：

14×13：（第 1 步）$14 + 3 = 17$，（第 2 步）$17 \times 10 = 170$，

（第 3 步）$4 \times 3 = 12$，（第 4 步）$170 + 12 = 182$。

注意这个方法只对乘数和被乘数的十位数字都相同时适用。读者可以自行验证：

46×47：（第 1 步）$46 + 7 = 53$，（第 2 步）$53 \times 40 = 2\,120$，

（第 3 步）$6 \times 7 = 42$，（第 4 步）$2\,120 + 42 = 2\,162$。

显然，在十位数大于 1 时，用这个方法虽然也能得到理想的结果，但它已经不显得那么强大了。所以印度人只要求学生会做 19×19 范围内的题目。由此可见，有人声称在印度乘法表面前中

国的乘法口诀完败，这不符合事实。实际上，这个方法只不过是速算的一类而已，况且它还要用到 9×9 以内的乘法表。

那么对于像 46×37 的乘法有什么更好的方法吗？我们可以用竖式相乘和交叉相乘并用的方法。看下面的示意图（如图 1.4）：

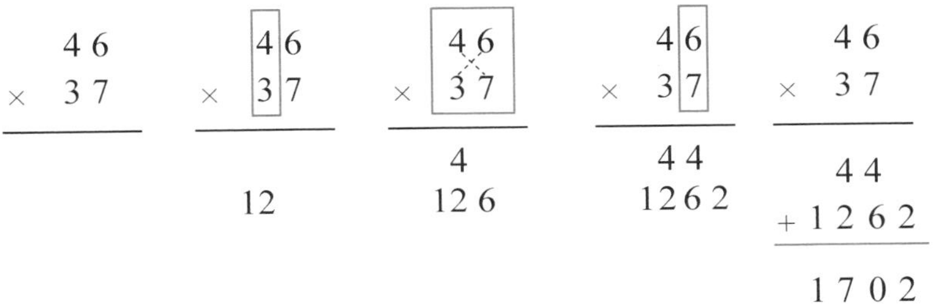

$$
\begin{array}{r}
46 \\
\times\ 37 \\
\hline
12
\end{array}
\qquad
\begin{array}{r}
\boxed{46} \\
\times\ \boxed{3}7 \\
\hline
\end{array}
\qquad
\begin{array}{r}
\boxed{46} \\
\times\ 37 \\
\hline
4 \\
126
\end{array}
\qquad
\begin{array}{r}
4\boxed{6} \\
\times\ 3\boxed{7} \\
\hline
44 \\
1262
\end{array}
\qquad
\begin{array}{r}
46 \\
\times\ 37 \\
\hline
44 \\
+\ 1262 \\
\hline
1702
\end{array}
$$

图 1.4　不用口诀做乘法示意图/作者

这个方法的原则是从左边开始，能做交叉相乘就做交叉相乘，否则就做竖式相乘。先从两个十位数开始，这时只能做竖式乘法，我们得 $3 \times 4 = 12$。再看所有的十位和个位数。这时我们可以做交叉相乘。我们有 $4 \times 7 + 3 \times 6 = 28 + 18 = 46$；把 4 进到前面 2 的上面。再来看个位数，我们又是只能做竖式乘法。$6 \times 7 = 42$，把 4 进到前面 6 的上面。最后把两排数相加后就得到了最后的答案：1 702。可能读者会有疑问，这个算法似乎太复杂了。我们普通的算法比它似乎要简单。让我们再来看一个例子：$5\ 432 \times 3\ 124$（如图 1.5）。对这个例子，普通的算法需要写出 4 行数字，然后把它们相加。而上面的方法仍然只需要两行数字相加。请读者研究下面的几个步骤。我们不再详细解释。

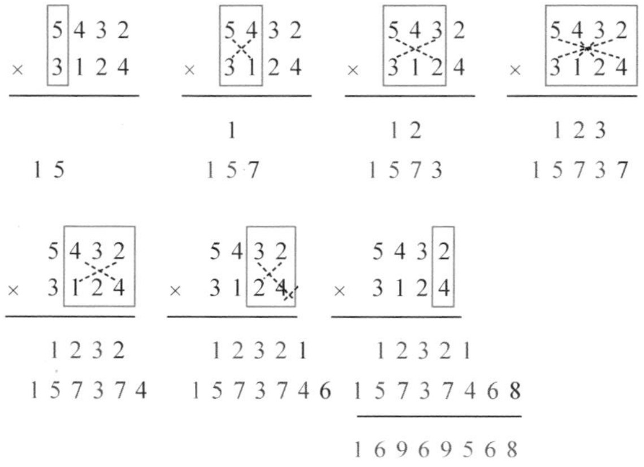

图 **1.5**　又一个例子 / 作者

一般来说，速算都是针对一类特殊的题型适用，上面的几个方法也不例外。读者应该多学几手，必有好处。

另外，YouTube 上有一个叫作"中国人的乘法"（Chinese Multiplication）的视频，其中的算法挺有意思。乍一看，我们不禁会想，怎么会有这样的名字？是不是中国人发明的呢？看一下实际操作，就知道也许跟中国的筹算有关。下面我们用 432×312 作为例子来说明它的计算步骤（如图 1.6）。

第 1 步，先从左至右按 4，3，2 这 3 个数画出 3 组平行线，每组分别有 4 条、3 条和 2 条线，类似地，从上至下按 3，1，2 这 3 个数画出 3 组平行线，每组分别有 3 条、1 条和 2 条线，这些线交错成网格；第 2 步，用 4 条弧线将网格分成 5 个区域；第 3 步，从左至右数一数每个网格里有多少个交点，将交点数记录在相应的区域里；第 4 步，将 17 中的 10 进位到 13 里，于是，17 改写成 7，13 改写成 14；第 5 步，同理，14 改写成 4，12 改写成 13。现在，从左到右把看到的数连起来，得到 134 784，这就是 432×312 的结果。

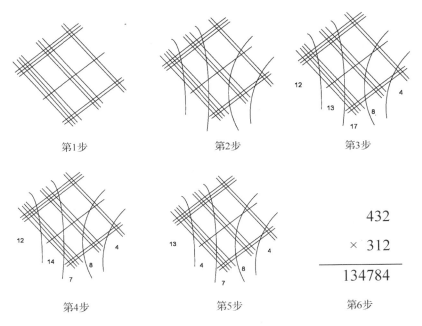

图 1.6　"中国人的乘法"示意图 /作者

　　我们不知道这个算法到底是不是中国人发明的。若说不是，可它怎么就叫作"中国人的乘法"呢？若说是，我们怎么就从来未听说过呢？也许有哪位智者知道其中的来龙去脉也未可知。

　　科学网的博主王号老师似乎能揭开其神秘面纱的一角。他认为，笔者上面描述的"中国人的乘法"起源于印度，这个算法属于印度的"吠陀数学"。他所根据的是一本名为《越玩越聪明的印度数学》的书，其中有一章"第十五式古老的结网计数法"。从这一章的名字来看，确实很可能是笔者说的"中国人的乘法"，但也仅仅是推测，到底是不是起源于印度也未可知。要不然，怎么这样一种被冠以"中国人的乘法"的视频在网上广泛流传，印度人为什么不出来纠正一下这个"错误"的说法呢？带着这些疑问和好奇，有兴趣的读者可以多方查证，以探其实。

网上还有一篇文章说，因为这个方法画出来的像是中国人的书法，故名"中国人的乘法"。

不管它的发明人是谁，我们不妨再来 题 做两个练习，熟悉一下它的方法：16×24 和 123×213。

4. "农夫乘法"及其他

再介绍一个"古埃及乘法"（ancient Egyptian multiplication），也称为"俄国乘法"（Russian multiplication)和"农夫乘法"（peasant multiplication)。这个方法似乎跟俄国人没有什么关系。这个名字源于在莫斯科的普希金国家美术馆保存的莫斯科数学纸莎草（Moscow Mathematical Papyrus，如图 1.7）。虽然应用并不普遍，但也有一些地方仍然在使用它。这个方法完全不需要乘法口诀，只要知道加倍和减半就可以了。给定两个正整数 x 和 y。这个方法是这样的：

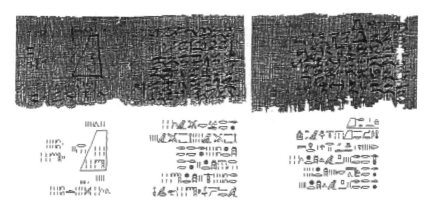

图 1.7　莫斯科数学纸莎草/维基百科

第 1 步：反复半分 x，忽略余数，直到你得到 1，将得到的结果写成一列；

第 2 步：相对应地，加倍 y，并把得到的值写在相应的 x 值的右边；

第 3 步：把那些 x 值为偶数的行划掉；

第 4 步：把剩下的 y 值相加，这就是最后的结果。

我们来看一个例子：13×24。我们不断地把 13 取半，得到：

13
6
3
1

相应地把 24 加倍，得到：

13	24
6	48
3	96
1	192

划掉第 2 行，有：

13	24
3	96
1	192

最后把第 2 列中剩下的数相加：$24 + 96 + 192 = 312$，这就是所要求的值。

这个方法的本质是二进制。因此，如果要想证明这个方法的正确性，只要用二进制表达就可以了。〔题〕我们把这个证明留给喜欢挑战的读者。还可以用稍微大一点的数字乘法 34×29 和 $234 \times$

491 再来熟悉一下这个方法。

还应该一提的是"特拉亨伯格心算系统"（Trachtenberg system）。这是俄国犹太数学家特拉亨伯格在纳粹集中营里为了锻炼自己的大脑而开发的心算系统。这套系统要求使用者先学习它的规则，而且要每日练习。

题 英国作家和数学家，维多利亚时代牛津大学基督堂学院数学讲师卡洛尔在《爱丽丝漫游奇境记》里写到爱丽丝的乘法口诀："四五一十二、四六一十三、四七一十四……"。这是因为爱丽丝用了不同的进位制。参见下面的两个结果，写出"四七一十四"是怎样得来的：

$$4\times5=20=1\times18+2=12_{18}（18\ 进制），$$
$$4\times6=24=1\times21+3=13_{21}（21\ 进制）。$$

关于卡洛尔，参见第十五章"需要交换礼物的加德纳会议"。

5. 循环乘法

我们再来看一个有意思的乘法：在圆上的乘法。让我们画一个圆，并在这个圆上均匀地取 0 到 9 这 10 个点，如图 1.8(a)。然后我们依次将 10，11，… 自然数也标在这个圆上。让我们从 1 开始，$2\times1=2$，我们连接 1 和 2；$2\times2=4$，我们连接 2 和 4；$2\times3=6$，我们连接 3 和 6；如此反复。这样，我们容易发现，到 $2\times9=18$ 之后，这些新添加的线段就开始重复了。为了不让这些线重复，我们不妨再加入一个点，于是就有了图 1.8(b)。如果我们再加入第 3 个、第 4 个等更多的点，我们会得到什么图形呢？我们看到的是心形线的轮廓，如图 1.8(c)。有意思的是，如果你不选择 2 作为倍数，你得到的图形会很不一样。读者不妨自己做一些实验。如果选用线绳来制作，甚至可以得到非常美丽的图案用来装饰家居。

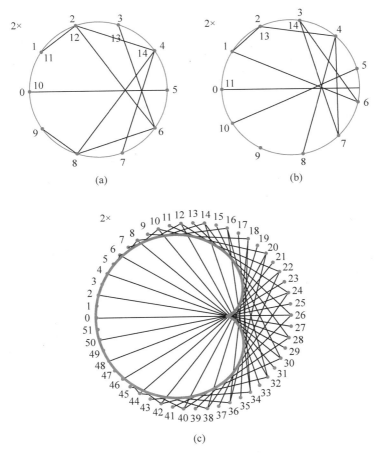

图 1.8　圆上的乘法图

6. 超出自然数之外的乘法

　　上面的讨论都是自然数的乘法。正像数系的扩张（见第五章"$\sqrt{2}$，人们发现的第一个无理数"）一样，乘法也适用于有理数、实

数、复数和四元数这些从自然数扩张而来的数系。让我们最后再
来看两个乘法的例子以开阔我们的眼界。我们将看到，一些在我
们熟悉的数系里成立的性质可能不再成立，甚至如何定义乘法都
可能成了问题。这部分内容比较深了，我们只是简单介绍一下。

我们先来看向量的乘积。所谓向量，就是有序数组。比如给
定两个实数 a 和 b，我们把这个数组记为 $\langle a, b\rangle$。两个数的数组就
是一个二维向量。在平面直角坐标系里，我们把它看作是从原点 O
出发到点 $P(x, y)$ 的有向线段。向量也叫作矢量。如果我们有两
个向量 $a=(x_1, y_2)$ 和 $b=(x_2, y_2)$，我们该如何定义它们的乘积
呢？也许读者可能会想当然地觉得应该是 $(x_1 x_2, y_1 y_2)$。其实这是
错误的。主要地，向量的乘法有两种定义，是由美国物理化学家、
数学物理学家吉布斯和英国自学成才的物理学家亥维赛于 1881 年
分别独立提出来的。一个定义是

$$a \cdot b=(x_1, y_1) \cdot (x_2, y_2)=x_1 x_2 + y_1 y_2。$$

其结果一个实数。另一个定义稍微复杂一些。记 $\|a\|$ 为向量的长
度，n 是一个长度为 1 的满足右手法则的向量，θ 是向量 a 和向量
b 之间的夹角。那么

$$a \times b=(x_1, y_1) \times (x_2, y_2)=(\|a\| \cdot \|b\| \sin \theta)n。$$

其结果还是一个向量。这两个定义都有其内在的几何意义。
我们在此不深入讨论。注意我们在两个定义中分别使用了平时在
实数乘法中混用的"·"和"×"。在向量乘法里不能再混用。第一
种定义也称为点积或内积，第二种定义则称为叉积或外积。另外，
内积可以交换，而外积不能交换，因为 $a \times b$ 和 $b \times a$ 方向相反。

读到这里，我们的读者可能已经习惯性地认为，乘法可以在
扩充的数系里推广。但你有没有想到，其实乘法也可以在缩小的

"数系"上定义。比如我们甚至可以在一个只有一个"数"的数系里定义乘法。这样的数系当然没有任何实际意义。让我们来看一个稍微复杂一点的例子：一个只有两个"数"的数系：{1，−1}。在这个数系上我们定义乘法如下：

×	1	−1
1	1	−1
−1	−1	1

不过，在这种情况下，我们不称其为数系，而是"群"，群里的"数"则称为"元素"。容易看出，在这个群里，乘法运算是自封闭的，无论你怎样乘，结果都是 1 或 −1。用来表示运算的表格称为凯莱表(Cayley table)。

题 请读者完成下面的凯莱表：

×	a	b	c
a	a^2	ab	ac
b			
c			

Q 我们有乘法口诀，这是我们祖先流传下来的宝贝。但同时我们也应该徜徉在其他民族的智慧宝库中，吸收其精髓。读过本章，看到这么多网上、网下的中外高手论剑，你是否有了同感呢？我们在第八章"帮助美国排列国旗上的星星"里也谈了一个乘法的应用。

参考文献

1. 万精油．中文在算术上的优势．http：// blog. sina. com. cn/s/blog _ 9880df4201015z5c. html.

2. 黄泽成．2200 年前的乘法口诀表．http：// eblog. cersp. com/userlog/18587/ archives/2007/364823. shtml.

3. 王永晖．数学九九表要不要背的讨论贴——兼及华德福小学低年级数学教学方法．http：// blog. sciencenet. cn/blog-45143-332828. html.

4. 李铭．为国外人瞎操心：英文九九乘法表．http：// blog. sciencenet. cn/ blog-222979-654715. html.

5. 蒋明润．魔术乘法表．http：// blog. sciencenet. cn/blog-818138-653128. html.

6. 肖陆江．我的处女贴 九九表 救美眉（一）．http：// blog. sciencenet. cn/blog-91685-221573. html.

7. 赵明．奥数不该死——许多菲尔茨奖获得者得益于奥数竞赛．http：// blog. sciencenet. cn/blog-40615-596274. html.

8. Allyson Faircloth. Chinese Stick Multiplication. http：// jwilson. coe. uga. edu/EMAT6680Fa2012/Faircloth/Essay1alf/ChineseStickMultiplication. html.

9. 日本出土中国乘法口诀木简．环球时报，2010 年 12 月 4 日．

10. Presh Talwakar. The Egyptian Method / Russian Peasant Multiplication (Video And A Proof). http：// mindyourdecisions. com/blog/2014/08/27/ the-egyptian-method-russian-peasant-multiplication-video-and-a-proof/.

第二章　奥巴马和孩子们一起计算白宫椭圆办公室的焦距

图 **2.1**　奥巴马与数学竞赛优胜者交谈/美国白宫

　　美国总统的官邸白宫有一个椭圆办公室。它因其独特形状而得名，是美国总统日常办公的地方。美国总统常常选择这个办公室发表对全国的讲话，被认作总统权威与声望的象征。但是在 2010 年之前的 100 年里，似乎没有人问过一个基本的数学问题：它的焦点在哪里，焦距是多少？直到 2010 年的一天，这个问题才被一群造访白宫的中学生提出来并当场解决了。

1. 白宫椭圆办公室的焦距

　　白宫的椭圆办公室非常著名，已经是美国总统府的代名词。有一本书《致椭圆形办公室函件选编》就用它代替白宫的意思。2010 年 6 月 28 日，美国总统奥巴马在白宫的椭圆办公室（如图 2.2）里接见了 MathCounts 数学竞赛的优胜者（如图 2.1，美国奥数队在 2015 年第 56 届国际奥林匹克竞赛中战胜中国队取得金牌后，人们曾借用这张照片来调侃美国队其实也是中国人的队。其实，这是误传。因为 2015 年的美国奥数队 6 名队员的构成为：1.5 名中国人、1.5 名印度人、1.5 名犹太人和 1.5 名白人，由此看出，这是一支十足的国际队伍）。在接见中，奥巴马问孩子们有什么感兴趣的问题。于是，孩子们想到了这个办公室的焦距。能够结合实际提出数学问题，真不愧是数学竞赛的佼佼者啊！不过，因为中学学习的主要曲线是椭圆、双曲线和抛物线，所以提出与椭圆相关的问题虽是意料之外，但也在情理之中。MathCounts 是美国民间的一个数学竞赛。我们在第十二章"美国的奥数和数学竞赛"里更详细地介绍美国的数学竞赛。

　　奥巴马虽早已忘记了焦距的定义，但他同孩子们一样，也很想知道这个办公室的焦距究竟是多少。而且令人意想不到的是，身为总统的他并没有命令其助手去找答案，而是亲自和孩子们一起测量和计算。经过一番忙碌，他们终于如愿找到了答案。为此接见超过了预定时间。

　　在这 6 位学生中，有两位个人奖获得者，分别是印第安纳州的 8 年级学生赛尔克和堪萨斯州的 7 年级学生纳拉亚南。另外 4 位团体奖获得者都是华裔，分别是硅谷的库比蒂诺的陈高歌，布利

图 **2.2**　白宫椭圆办公室 / 美国白宫

桑顿的陈福宇，以及佛利蒙的林士弘和陈儒鑫。

　　孩子们在与奥巴马谈到未来的打算时，表示向往进入美国国家航空航天局（NASA），或成为数学教授。奥巴马听后很开心，在向他们表达祝贺和祝愿的同时，还强调了数学和科学对美国的经济、安全和竞争力至关重要。最后，他还不忘开玩笑说，如果他的女儿们有不会的数学作业，他会向他们寻求帮助。

　　上面就是焦距的计算示意图（如图 2.3）。单位是英尺①（ft），因为美国一直在采用英制。也许椭圆办公室的焦距在哪里这一问题本身并不重要，而且在建造的时候就应该早就计算过了。重要的是，一位美国总统给了一群优秀的孩子们一个机会，由孩子们把这个问题提出来并与总统一起解决了。他们代表了美国的未来。

　　椭圆办公室里的地毯也是椭圆形的。每位总统都会有自己选择的图案。自杜鲁门总统之后，地毯上一般都有总统的大印，上面还会有总统本人喜欢的励志警句。奥巴马选择的有富兰克

———————————

　　①　英制。1 英尺≈0.304 8 m。

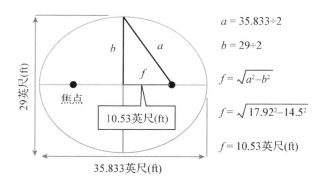

$a = 35.833 \div 2$

$b = 29 \div 2$

$f = \sqrt{a^2 - b^2}$

$f = \sqrt{17.92^2 - 14.5^2}$

$f = 10.53$ 英尺(ft)

图 2.3   计算白宫椭圆办公室焦距的示意图 /作者

林·罗斯福总统的"我们唯一需要恐惧的就是恐惧本身",美国民权运动领袖马丁·路德·金的"前路漫漫,但终究归于正义",林肯总统的"民有、民治、民享的政府",肯尼迪总统的"人类命运的问题没有一个是人类所不能解决的"和西奥多·罗斯福总统的"每个人的福祉都取决于全民的福祉"。

有点遗憾的是,椭圆办公室的办公桌仍然是传统的长方形而不是椭圆的。这大概是因为椭圆办公桌不太好使用,不能勉强。但如果白宫中的游戏室的台球桌换成椭圆形的,那一定很有意思。英国数学科普作家贝罗斯制作了一个这样的台球桌。它唯一一个球洞设在椭圆的一个焦点上。如果奥巴马真正学到了椭圆的真谛,那么他可以百战百胜。

2. 椭圆的周长

在白宫的南面还有一个椭圆形的绿地。它的正式名字是"总统公园南"(President's Park South,如图 2.4),但它的别名"椭圆"(The Ellipse)更为出名。这个椭圆从正南到正北的最大长度为 880

图 2.4 白宫附近的椭圆花园 / 谷歌地图

英尺，从正东到正西的最大长度为 1 057 英尺。**题** 请问能否找到它的两个焦点的位置？这片绿地的面积有多大？

Q 再问一个简单的问题：围绕这个椭圆散步一周要走多少英尺？说来有些令人惊奇，圆的周长有一个简单的公式 $2\pi r$，中国的老祖宗也有贡献。但把圆稍微压扁一点得到椭圆，它的周长竟然没有一个简单的解析函数来表达。这个计算要涉及椭圆积分问题。写出来就是：

$$p = 4a\int_{0}^{\frac{\pi}{2}}\sqrt{1-\left(\frac{c}{a}\right)^2\sin^2\theta}\,\mathrm{d}\theta = 4a\int_0^1\frac{\sqrt{1-\left(\frac{c}{a}\right)^2 t^2}}{\sqrt{1-t^2}}\,\mathrm{d}t。$$

这与数学上的一个重要研究领域"黎曼曲面"有密切关系，不过已经超出了本书的范围。 Q 与此相关的还有一个重要概念是椭圆函数，也就是椭圆积分的反函数。这个函数是阿贝尔最早发现的。可惜他在 27 岁就死于疾病和贫困。当椭圆的半长轴 a 和半短轴 b 之比小于 3（亦即不是太扁）时，椭圆的周长 p 有一个近似公式：

$$p \approx 2\pi \sqrt{\frac{a^2+b^2}{2}},$$

误差能在 5% 之内。与数学家华罗庚一样自学成才，而且同样在英国数学家哈代和李特尔伍德身边工作过的印度数学怪才拉马努金得到了一个更好的近似公式：

$$p \approx \pi\left[3(a+b)-\sqrt{(3a+b)(a+3b)}\,\right],$$

也许以后用得着呢。这个公式叫作"拉马努金第一近似公式"。他还有另一个公式"拉马努金第二近似公式"。Google 在计算椭圆周长时用的就是这个公式。 Q 你能把这第二个公式找到吗？

Q 那是不是一定要学了椭圆积分才能计算椭圆的周长呢？也不是。我们可以通过级数得到精确的公式。有一个级数表示需要用离心率 $e=\sqrt{1-\dfrac{b^2}{a^2}}$ 写成：

$$p = 2a\pi\left(1-\sum_{i=1}^{\infty}\frac{(2i)!^2}{(2^i \cdot i!)^4}\cdot\frac{e^{2i}}{2i-1}\right),$$

不过在用这个公式计算时，我们只能用有限的和，所以它仍然给出的是一个近似值。还有一个收敛更快的级数是

$$p = \pi(a+b)\sum_{n=0}^{\infty}(C_n^{0.5})^2 h^n,$$

这里，$h = \dfrac{(a-b)^2}{(a+b)^2}$，$C_n^{0.5}$ 用的是二项式系数公式。它的前 4 项和就是：

$$p = \pi(a+b)\left(1 + \frac{1}{4}h + \frac{1}{64}h^2 + \frac{1}{256}h^3\right)。$$

细心的读者可能会注意到，在白宫的北面其实还有一个椭圆。也许美国人有某种椭圆文化吧。

3. 椭圆的作图

椭圆的定义最早是阿波罗尼奥斯给出的。他根据到点的距离和到定直线的距离定义了圆锥曲线，著有《圆锥曲线论》（共 8 卷）《论切触》《速算》《不规则无理数》和《论蜗线》等，他的《圆锥曲线论》把古希腊的几何水平推到了顶峰。我们今天最常用的画椭圆的方法是把一条线绳的两头固定在一个平面上，然后用一支笔把线绳拉紧在平面上走一圈，其轨迹就是以这两个固定点为焦点，线绳长度为长轴的椭圆（如图 2.5）。

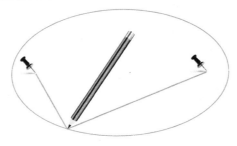

图 2.5　椭圆的作图 / 作者

这个方法出自建造圣索菲亚大教堂的数学家安提莫斯。由于它在大规模建造业上的有效性，它被称为"园艺师作图法"

(gardener's ellipse)。不过在园艺文献中似乎并无记载。也有人把它称作"钉-线法"(Pins-and-string method)。

有一种称为"椭圆规"(ellipso-graph)的画椭圆的工具。它更精确的叫法为"阿基米德椭圆规"(Trammel of Archimedes，如图2.6)，因为还有其他种类画椭圆的工具。我们现在还不能确定这个方法是否来自阿基米德，也有可能来自更晚一些的普罗克洛。这种方法

图 2.6　阿基米德椭圆规/维基百科

是作两个垂直的轨道，让一个直尺的一端在其中一个轨道里滑动，让直尺中间的某个固定点在另一个轨道里滑动，那么直尺另一端的轨迹就是一个椭圆。

让我们再来看"平行四边形法"(Parallelogram method，如图2.7)。假定 $a=2$，$b=1$。在一个矩形的两条横边上和竖边上分别画出 20 个和 10 个等距的线段，连接左边垂直边的中点和水平边上的某个节点，同时连接右边垂直边的中点和左边垂直边上某节点。所得两条线段的交点就在一个椭圆上。这个方法被人们用于工程制造。

以上 3 种方法是基于实用出发的。还有许多方法不再一一列举。

题热衷于尺规作图的读者还可以考虑：当一个椭圆给定时，如何用尺规找到它的焦点。

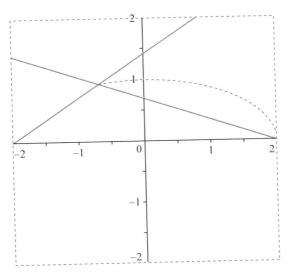

图 2.7　画椭圆的平行四边形法 /维基百科

4. 椭圆的推广

[Q]把椭圆的方程式做点修改，我们可以得到"超椭圆"（superellipse）。这是满足方程

$$\left| \frac{x}{a} \right|^n + \left| \frac{y}{b} \right|^n = 1,$$

的封闭曲线。其中 n，a 及 b 为正数。这条曲线由法国数学家拉梅在 1818 年引入，也称为"拉梅曲线"。[题]那么当 $n<1$，$n=1$ 和 $n>1$ 时，这条曲线分别是什么样子？当 n 充分大时，这条曲线会近似成什么样子？

[题]椭圆有许多有趣的性质需要我们掌握。山东省几次将椭圆的证明题作为高考压轴题。其中有一题就涉及超椭圆。题目的第 1

部分是这样的：已知曲线 C_1：$\dfrac{|x|}{a}+\dfrac{|y|}{b}=1(a>b>0)$ 所围成

的封闭图形的面积为 $4\sqrt{5}$，曲线 C_1 的内切圆半径为 $\dfrac{2\sqrt{5}}{3}$。记 C_2 为

以曲线 C_1 与坐标轴的交点为顶点的椭圆。求椭圆 C_2 的标准方程。

Q 把椭圆推广到三维，我们就得到了椭球。读者可以猜测 题
椭球的方程式、体积、表面积公式应该是什么。可以想象，椭球
的表面积与所谓的椭圆积分紧密关联。

Q 椭圆的形状容易让人联想到鸟蛋，但一般的鸟蛋的一头会
尖细一点。这样的数学方程应该是什么呢？加拿大数学爱好者艾
伦・戴维斯给出了下列方程：

$$\sqrt{x^2+y^2}+\frac{2}{3}\sqrt{x^2+\left(\frac{5}{6}-y\right)^2}=1,$$

利用 WolframAlpha 可以得到它的图像（如图 2.8）：

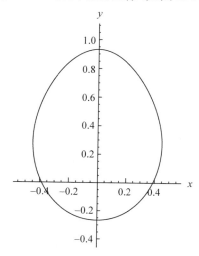

图 2.8　蛋形椭圆/作者

关于 WolframAlpha 的使用，请阅读第三章"用数学方程创作艺术"。

题 我们来做一个实验：在平面上取任意 N 个点（比如，$N \geqslant 10$），形成一个封闭的可自交的多边形。在每一段上取中点形成一个新的多边形。反复这个过程，我们将得到一个近似椭圆形状的多边形，而且椭圆的主轴与 xy 轴形成一个 45°的角。这个现象与矩阵的特征值有关。这是一个从混沌到秩序的好例子，它有一些有意思的扩展，可以参看张志强写的"神奇的椭圆迭代问题"。下面是其动态模拟截图（如图 2.9）。也可以到这里自己去体验一下：

https://www.jasondavies.com/random-polygon-ellipse

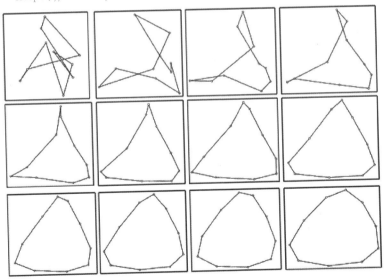

图 **2.9**　模拟截图（第 1~12 步）

题 我们知道，当周长一定的时候，圆的面积最大，但是再加上一些限制条件后就不一定了。下面是在 Stack Exchange 上看到的一个题目：有一条 100 m 长的封闭线绳，必须过点 P。线 L 距离点 P 是 20 m（如图 2.10）。定义一个线绳的加权面积为左边的面积加上两倍右边的面积。请问这个问题的最优形状（即加权面积最大）是什么？

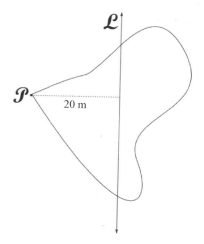

图 2.10　封闭线绳 /Stack Exchange

5. 我们周围的椭圆

图 2.11　地球在一个椭圆轨道上围绕太阳运转 /作者

为了看到椭圆，我们不必跑到华盛顿，因为我们身边就有许多椭圆在等待着我们去发现。

往大了说，我们的地球就是每天在一个椭圆轨道上围绕着太阳运转（如图 2.11）。开普勒天体运动三大定律都是以椭圆来表述的。据说，哈雷在研究开普勒第三定律的过程中，发现了吸引力与距离的平方成反比，但他无法自己证明这一点，先是与罗伯特·胡克和雷恩讨论，还是没有得到答案。于是，他在 1684 年 8月去拜访牛顿。他请教牛顿：如果行星与太阳的引力与其到太阳距离的平方成反比，那么行星的运动轨道是什么？牛顿不假思索地回答：是椭圆。哈雷欣喜若狂，很想知道牛顿是怎么计算出来的，原来两年前牛顿就计算出来了，但是他已经找不到两年前的手稿。不过好在牛顿答应重新把计算过程写出来并邮寄给哈雷。牛顿并没有食言，时隔 3 个月，哈雷如约收到了牛顿的来稿，题目为"论轨道物体的运动"。哈雷看罢，心潮激荡不已，认为这篇论文会引起天体力学的一场革命，于是力劝总是喜欢深思熟虑、不急于发表论文的牛顿将这篇论文予以发表。以此为契机，哈雷还最终促成了牛顿的划时代巨著《自然哲学的数学原理》的出版和发行。此前，哈雷做过彗星的研究，他注意到牛顿在这本书中提出一个新观点，即彗星也服从万有引力定律。于是，哈雷想到：如果彗星是在一个以太阳为焦点的椭圆轨道上运行，那么总有一天它还会转回到太阳附近，地球上的人们就可以再次看到彗星。由此，他进一步成功预测了彗星的活动规律。因为自古以来，彗星在民间被称为扫帚星，是运气不好的象征，每次现身，都会引起人们的恐慌，所以哈雷的发现为人们破除这一迷信扫清了很大障碍。哈雷彗星下次回归将是在 2061 年。2014 年，天文学家发现了太阳系的一颗新的矮行星"2012 VP113"（如图 2.12）。这里 VP

代表的是副总统的意思。当时的美国副总统是拜登。所以这颗星
也称为"拜登星"。这颗星的发现重新定义了我们的太阳系的边缘。
如果说当人们发现冥王星的轨道不在我们已知的其他行星的运行
平面上（如图 2.13）时有些意外的话，现在对这个现象已经不再
意外。

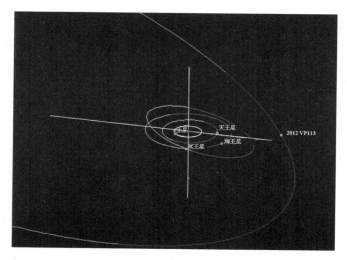

图 2.12　新发现的矮行星 2012 VP113/NASA JPL

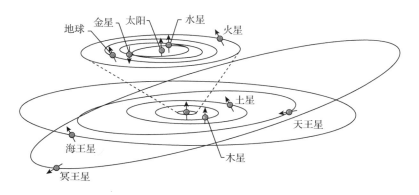

图 2.13　冥王星与八大行星不在一个椭圆平面/NASA

Q 前面说过，地球围绕太阳在一个椭圆轨道上运转。那么太阳是不是在这个椭圆的一个焦点上？另一个焦点有什么实际意义？

物理学中还有很多例子，比如谐振子（harmonic oscillator）系统、相位可视化（phase visualization）、椭圆齿轮（elliptical gear，如图 2.14）、光学中的折射率椭球（index ellipsoid）等。

图 2.14 椭圆齿轮 / Ralph Steiner，视频截图

统计学中有共同椭圆分布的二元随机向量，这在经济学中有重要的应用。

我们这里所说的椭圆都有两个焦点，那么有没有多于两个焦点的椭圆呢？答案是：有。这样的曲线就叫作"多焦点椭圆"（multifocal ellipse）。它是由下面的点集生成：

$$\left\{ (x, y \in \mathbf{R}^2 \mid \sum_{i=1}^{n} \sqrt{(x-u_i)^2 + (y-v_i)^2} = d \right\},$$

其中，$(u_i, v_i)(i = 1, 2, \cdots, n)$ 是它的 n 个焦点。当 $n = 1$ 时，就是通常的圆；当 $n = 2$ 时就是通常的椭圆。下面是 $n = 3, 4, 5$ 的 3 个例子（如图 2.15）。有意思的是，某个焦点有可能落到曲线的外面。

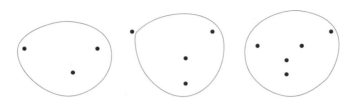

图 2.15　多焦点椭圆的例子 /arXiv,［10］

　　椭圆在计算机作图、贝塞尔路径（Bézier curves）、Rytz 构造（Rytz's construction）以及优化计算方面也有重要应用。

　　我们平时看到的灯罩，人们戴的首饰，五线谱中的音符，很多小汽车的车牌子，或喝水的杯子里都有椭圆的影子（如图 2.16）。我们在第三章"用数学方程创作艺术"里告诉你如何用 7 个椭圆做出一只蜻蜓来。

图 2.16　日常所见的椭圆 /网络

　　既然椭圆有如此广泛而深刻的应用，又和我们的生活紧密相关，那么我们是不是应该多了解一点关于椭圆的知识呢？

参考文献

1. President Obama Honors MATHCOUNTS National Finalists in Oval Office，Mathcounts Foundation.

2. 数学手册编写组．数学手册．北京：人民教育出版社，1979.

3. 李尚志．数学聊斋连载(连载三)．数学文化，2010，1(3)：47—51.

4. Perimeter of an Ellipse．http：// www. mathsisfun. com/geometry/ellipse-perimeter. html.

5. President Obama Marvels at Brilliant Minds，Incredible Inventions at White House Science Fair，White House，2014 年 5 月 27 日．

6. 邓明立．阿贝尔—英年早逝的数学奇才．数学文化，2014，5(3)：15—27.

7. 陈跃．黎曼面的起源．数学文化，2015，6(1)：53—62.

8. Philip J. Davis. The Mathematical Experience，Reuben Hersh，pp. 175—177.

9. Adam N. Elmachtoub，Charles F. van Loan，From Random Polygon to Ellipse：An Eigenanalysis.

10. Jiawang Nie，Pablo A. Parrilo，Bernd Sturmfels. Semidefinite Representation of the k —Ellipse，arXiv：math/0702005v1，2007.

第三章　用数学方程创作艺术

方程就是含有未知数的等式，且不论它的平衡之美，也不论它悠久的历史和昌盛的家族，单是一般代数方程的求解征程在数学史上就占有举足轻重的地位，还掀起过很多狂澜。15，16 世纪的意大利数学家们为了寻求一般三、四次代数方程的解暗中较劲，直到找到问题的答案。此后 200 多年又有一批数学家前仆后继，把寻求一般五次及五次以上代数方程的解作为毕生的理想，最终发展出了伽罗瓦的置换群论，从而开始了群论的新篇章。我们这里不去探索它的历史，而是看看这个历史的弄潮儿是如何创造出美妙的几何图形的。我们的目的是介绍如何通过现有的免费软件来创作出自己中意的美图。

1. 一颗令人惊艳的火红的心

图 3.1 是用计算机做出的漂亮鲜活的心形立体图，许多人看到它的第一眼，要么惊叹不知，要么自愧不如，要么由衷地赞赏，抑或揣摩这颗心从何而来，归属又何在？实际上，是无处不在的数学成就了这颗火红的心，它的数学方程是

$$\left(x^2 + \frac{9}{4} y^2 + z^2 - 1 \right)^3 - x^2 z^3 - \frac{9}{80} y^2 z^3 = 0,$$

它是由塔乌宾在 1993 年构造出来的。

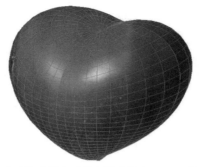

图 **3.1** 由 6 次方程生成的心形曲面 /Xin Zhao[1]，Matlab

相比图形，这个方程是不是有些肃穆了呢？也许有人会惊讶，它如此生动活泼的外表下原来隐藏着的是一颗数学的心。也许还会有人好奇，是如何想到这样一个方程的呢？

其实，不必对它太过敬畏，我们普通人也完全可以做出来。下面我们就来一起做一做吧。

2. 一步一步画出一颗心

我们以 Wolfram Alpha(http://www.wolframalpha.com)为工具制作一个二维的心形图案为例。怎么做呢？当然不能急于求成，必须要有条不紊地一步一步完成。绝非只有我们普通人才如此，即便网上的作图大拿也是这样按部就班地完成作品的。

首先，从单位圆 $x^2 + y^2 = 1$ 开始。打开 Wolfram Alpha 网页并输入方程 $x^2 + y^2 = 1$：

图 **3.2**   Wolfram Alpha 网页 /截图

这里，符号"^"是幂的意思。我们很容易画出它的图像（如图 3.3）：

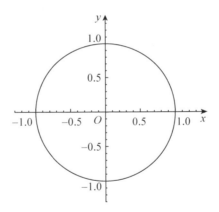

图 **3.3**   单位圆 /作者

其次，把这个单位圆垂直向下移动一个单位，得到新的方程 $x^2 + (y+1)^2 = 1$ 及其图像（如图 3.4）：

在下面的变换中，我们必须始终保持图形关于 y 轴对称。所以我们用一个偶函数 $f(x)$ 对这个方程做一个变换，得到新的方程 $x^2 + (y + f(x))^2 = 1$。这里，我们可以选用 $f(x) = 1/(1 + |x|)$。

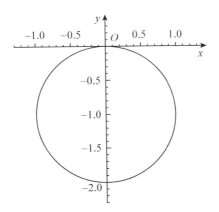

图 **3.4**　下移一个单位的单位圆 /作者

当 $x=0$ 时，$f(x)=1$，"圆心"与向下平移后的单位圆的圆心相同；但当 $x\neq0$ 时，$f(x)$ 会把"圆心"向上拉动。我们的"圆"也会被它向上拉动变形，得到的变形图案（如图 3.5）就是：

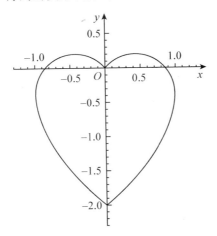

图 **3.5**　心形 1/作者

不过，现实生活中我们更喜欢宽厚的心。这颗心似乎比我们

平时想象中的心稍长一些，没有我们想象中的心完美。请不要着急，为了圆满我们的心，我们设法把它压扁一点，看看能否得到我们所喜欢的心。我们通过一个常数 a（$0<|a|<1$）来对方程进行变换，得到新的方程 $(ax)^2+(y+1/(1+|x|))^2=1$。实际上，我们就是把最初的圆变成了一个扁的椭圆，然后再做上述 $f(x)$ 变换。我们选择 $a=4/5$，输入到 Wolfram Alpha 后得到（如图 3.6）：

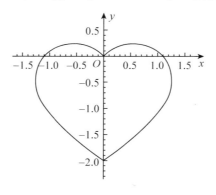

图 3.6　心形 2/作者

　　这颗心应该不负众望了吧？它的图案看起来既饱满又漂亮。也许有读者会问，怎么会想到 $|x|$ 呢？事实上，我们也可以有其他的选择。如果我们当初选择 $f(x)=1/(1+x^2)$，就会得到一颗没有一点尖角，十分光滑的心（如图 3.7）。这当然是因为 x^2 把 $|x|$ 在原点的尖点磨光了。看看这个磨平了棱角的心，感觉如何呢？是否多了几许岁月的平和，少了几许年轻的锐气呢？

　　从以上讨论，我们可以体会到数学家们的创作过程。也许有人还会随心而悦，随心而动，渴望为自己的心上人，亲手制作一颗美丽的心以表忠心吧。那就快快行动起来吧，如此有心意的礼物想必一定会虏获对方的心的。Wolfram 还提供了更多的心形曲

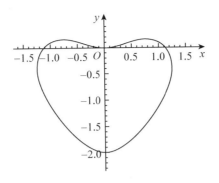

图 **3.7**　心形 3 /作者

线和曲面的方程，大家可以细细挑选。

题 下面是一个猫头鹰的图片（如图 3.8）。能否用方程画出头部轮廓来？

图 **3.8**　猫头鹰 /网络

3. 笛卡儿的爱情故事

话说这种心形还有一段美丽的传说呢。传说的主角就是通过建立坐标把代数与几何联系在一起的笛卡儿。据说，笛卡儿曾经把这种曲线隐藏在给公主克里斯蒂娜·奥古斯塔的情书里，才使

之幸而逃过国王的眼睛到达公主手里的。这就要从他们的相识
谈起。

　　1648 年，法国爆发了黑死病，笛卡儿被迫流浪到瑞典。有一
天，邂逅了一位喜爱数学的 18 岁少女，就是瑞典的公主克里斯蒂
娜。于是，笛卡儿时来运转，被邀请到王宫为其授课。笛卡儿面
对这位喜爱数学的公主，也有些他乡遇故知的感觉，满腹热忱地
倾囊相授，把自己发明的坐标系也传授给公主。在良师的指教下，
公主的数学技艺突飞猛进。随着时间的推移，两人也暗生情愫。
你侬我侬情更浓，都深深地爱上了对方。国王听说此事之后，大
为光火，要将笛卡儿处死。在公主以死相逼的极力恳求下，国王
才被迫服软，但还是令笛卡儿离开瑞典回到法国去，公主也遭到
软禁。

　　笛卡儿回法国不久即染上黑死病奄奄一息，但他还是抵挡不
住思念之情坚持给公主写情书。前 12 封情书都因信的内容太过直
白遭到国王的扣押。虽然未有回音，但笛卡儿还是在临将辞世之
时寄出了第 13 封情书，成了千古绝唱，据说这封情书现在被保存
在欧洲的笛卡儿纪念馆里。

　　我们在这里不禁感叹，这位伟大的哲人啊！从小身体就不好，
经常晚起，于是养成了晨思的习惯。也许正是这种长期的思考，
使他萌发了"我思故我在"的哲言。在年轻的时候没有邂逅如此美
丽的爱情，年过半百却要尝尽相思之痛。

　　这封情书因只有一个公式 $r=a(1-\sin\theta)$ 而没有石沉大海，顺
利到达了公主手上。公主也早已望穿秋水，立即领会了笛卡儿的
意图，凭借笛卡儿教给她的坐标知识，动手画起来，得到的是一
条心形线。我们想象，笛卡儿可能不但想表达自己的痴心和思念

之情，也是"但愿君心似我心，共饮长江水"的情感寄托吧。毋庸多言，此时公主完全被笛卡儿浓浓的爱意包围着。不久国王辞世，公主继位，成为女王。她立即派人四处寻找笛卡儿，可惜斯人已去，空留无尽的相思与她徘徊。

　　在我们为之感叹之时，也不要过于悲戚和惋惜，因为也许这只是一个美丽的传说。现在的正史中，通常认为，笛卡儿和克里斯蒂娜确实是师生关系，而且交情不浅。但笛卡儿是在克里斯蒂娜成为女王后，才应女王之邀到瑞典做私人教师的，那是 1649 年 10 月 4 日。两人谈论的问题主要是哲学而不是数学。另外，由于克里斯蒂娜时间紧，笛卡儿只能在清晨 5 点与她探讨哲学，不幸染上了风寒，而非黑死病。另外笛卡儿曾有一私生女，但不幸夭折，这是他一生的遗憾。

图 **3.9** 　克里斯蒂娜与笛卡儿/维基百科

　　故事归故事，但真的有设计师由公式 $r = a(1 - \sin\theta)$ 产生灵感，设计出了笛卡儿情书系列首饰。喜欢这一款的读者可以到网上看一下"周大福"网站。如果笛卡儿地下有知，是不是也很想买下来送给他念念不忘的公主呢？如果女王在世，看到这样别出心裁的设计会不会给予重赏呢？

题 笛卡儿送给公主的方程代表的是心脏线（Cardioid）。从这个方程，我们应该会猜想它的周长和面积都应该与 π 有关吧。不过，它的周长跟 π 一点都没有关系。你能计算出它的周长和面积吗？

4. 更多创作

下面我们再来介绍一些 Wolfram Alpha 提供的现成的图集，使大家一饱眼福，也多学两招。

在 Wolfram Alpha，只需简单地输入"batman curve"，就可以看到下图所示的蝙蝠图（如图 3.10）：

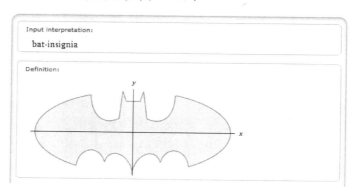

图 3.10　蝙蝠图/截图

Wolfram Alpha 还允许用户同时输入多个方程。这让我们可以制作一些更复杂的图形。我们再来看一个蜻蜓的例子。我们可以分别用圆和椭圆来画蜻蜓的头、身子、尾巴和翅膀。在 Wolfram Alpha 输入下面的几个方程：

头部：$x\hat{}2+(y-5)\hat{}2=1$，

身体：$x\hat{}2+(y-2)\hat{}2/4=1$，

尾巴：$x\hat{}2+(y+4)\hat{}2/16=1$，

右后翅：$(x-6)\hat{}2/25+(y-1)\hat{}2=1$，

右前翅：$(x-5)\hat{}2/16+(y-3)\hat{}2=1$，

左后翅：$(x+6)\hat{}2/25+(y-1)\hat{}2=1$，

左前翅：$(x+5)\hat{}2/16+(y-3)\hat{}2=1$，

并用分号将它们隔开，就可以看到下面的蜻蜓图案（如图 3.11）。

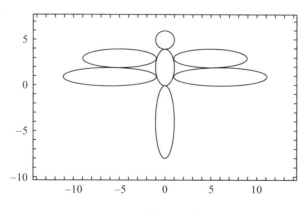

图 **3.11**　蜻蜓图案/截图

以上两个例子都使用了 Wolfram Alpha，其实，任何有作图功能的数学软件都可以达到上述目的。但稍有遗憾的是，像 Mathematica 和 Matlab 这些商业软件并不是免费的，事实上，WolframPro 也是收费的。不过，我们可以通过使用 Google 搜索来弥补这个遗憾。只是 Google 要求必须使用支持 WebGL 的浏览器（如 Google 的 Chrome），而且要把方程改为函数。上面的心形图的函

数（两个）是：$y = \pm\sqrt{1 - \left(\dfrac{4}{5}x\right)^2} - \dfrac{1}{1 + |x|}$。直接将这两个函数

输入到 Google 网页上，就可以殊途同归，得到下面的 Google 的心

形图案（如图 3.12）：

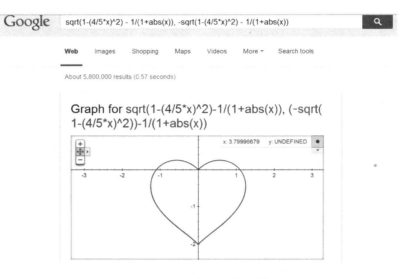

图 3.12   用 Google 网页作图/截图

还可以做出很多美妙的数学图形，不过有的需要写一些程序

来做，这些内容已经超出了本书的范围。好在有了上面的技巧，

大家应该已经可以制作出一些有意思的图形来了。何不亲手试一

试呢？从简单的做起，题 一朵花（用极坐标），或者一条鱼（fish

curve），到复杂一些的小兔子（rabbit curve），丘比特（cupid

curve）。只要想得到，就能做得到。特洛特还有一篇专门的文章来

解释如何调试出极为复杂的曲线来。

5. 介绍 Desmos

Q可能有读者会问，能不能用免费软件制作出动态的图形呢？我们推荐免费在线计算器 Desmos。Desmos 可以绘制各种带参数函数的图形，呈现数据点、计算方程、表格、滑杆。不仅可以用它画出函数，也可以用它画出方程以及由不等式得到的区域。Desmos 还支持极坐标和函数求导。用滑杆拉动参数就可以让人们看到动态的图形变化。让我们用 Desmos 再来做一次心的图形。前面我的方程里有一个参数 a，我们取了 $a=4/5$。让我们来看看当 a 在 0 和 1 之间变动时图形会怎样变化。打开 desmos.com 网站，点击"Launch Calculator"，进入计算器界面。设法输入下面的方程和滑杆（如图 3.13）：

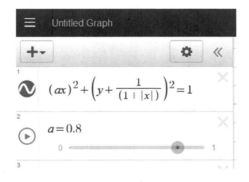

图 **3.13** 用 Desmos 计算器输入方程/截图

我们就可以重新看到我们制作的心型图案了。拉动滑杆，可以观察图形的变化。在这里我们无法显示动态的结果。就让我们看一看 $a=0.1, 0.3, 0.5, 0.8$ 这 4 个图形（如图 3.14）：

题我们注意到，a 的作用是把图形在水平方向拉伸。请读者

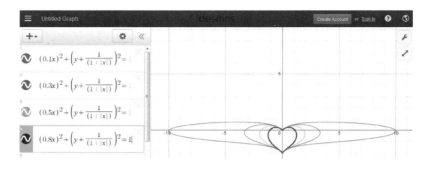

图 **3. 14**   用 Desmos 计算器制作的 **4** 颗心 /截图

增加一个参数将图形向纵向拉伸。

下面是用 Desmos 制作的一些漂亮的图形（如图 3.15）。读者可以在它的网站上找到相关函数和方程。

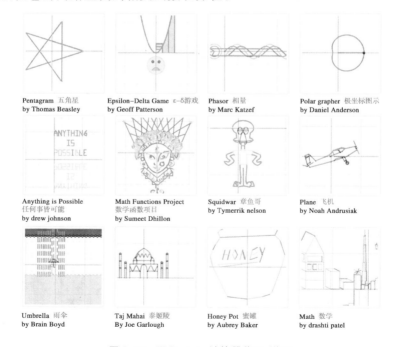

图 **3. 15**   用 Desmos 计算器作图 /截图

德国人开发了一款作图软件 Surfer，专门用来作数学展览，也曾经到中国展出过。读者可以到 http：// imaginary. org/program/ surfer/这个网址去下载，然后把我们上面的方程输入进去，看看效果。

参考文献

1. Wolfram. Heart Curve. http：// mathworld. wolfram. com/HeartCurve. html.

2. Wolfram. Heart Surface. http：// mathworld. wolfram. com/HeartSurface. html.

3. Michael Trott. Making Formulas⋯ for Everything—From Pi to the Pink Panther to Sir Isaac Newton. http：// blog. wolframalpha. com/2013/05/17/ making-formulas-for-everything-from-pi-to-the-pink-panther-to-sir-isaac- newton/.

4. Desmond Clarke. Descartes：A Biography. Cambridge：Cambridge Universi- ty Press. 2006.

5. Geneviève Rodis-Lewis. Descartes' life and the development of his philosophy. In John Cottingham(ed.)，The Cambridge Companion to Descartes. Cam- bridge：Cambridge University Press，1992.

6. 秘密传说：第 13 封另类情书 . http：// www. ycwb. com/ycwb/2006-10/04/ content _ 1234116. htm.

第四章　说说圆周率 π

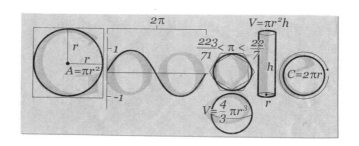

图 **4.1**　Google 涂鸦 /Google

2010 年 3 月 14 日，美国的谷歌首页的个性化商标出现了一些数学图形，仔细一看都是跟圆周率 π 有关的，原来那天是圆周率日（如图 4.1）。每年这一天都会有不少关于 π 的有趣文章出现。读者一定想知道关于它的更多内容吧。

1. 圆周率的历史

圆周率定义为圆周长与直径的比，是无理数。在古代，对圆周率的计算是衡量某一时代、某一地区文化水平的标志。

圆周率的历史悠久，可以远溯至古埃及。约公元前 1700 年，古埃及的纸草书中就有 π ＝(4/3)⁴ ≈ 3.160 4 的记载。约公元前 3 世纪，古希腊的两位数学先贤欧几里得和阿基米德对圆周率有了进一步研究，欧几里得提到圆周率是常数，阿基米德则开创了圆周率计算的几何方法（割圆法），把圆周率精确到小数点后两位。

　　稍晚，约公元前 2 世纪，《周髀算经》中记载有"径一而周三"，也认为圆周率是常数。263 年，刘徽在注释《九章算术》时，求得 π 的近似值，也把圆周率精确到小数点后两位。而其后，约 5 世纪下半叶，南北朝时期的祖冲之则把圆周率精确到小数点后 7 位（即 3.141 592 6 与 3.141 592 7 之间），还得到密率 355/113 和约率 22/7 这两个近似分数值，使得中国的圆周率水平一跃而上，在世界上独领风骚近千年。有些外国数学史家，为纪念祖冲之的杰出贡献，曾建议把圆周率 π 叫作"祖率"。

　　迟至 15 世纪初，才由阿拉伯数学家卡西打破这个纪录，他把圆周率精确到小数点后 17 位，而祖冲之的密率则更晚才被西方追赶上，由德国人奥托于 1573 年得到。随后，圆周率的精确程度不断提高，但在 19 世纪之前仍停留在手工计算阶段。鲁道夫·范·科伊伦花费毕生精力，运用阿基米德的割圆法，用 2 的 62 次方边形，于 1609 年将圆周率计算到小数点后第 35 位，后人称为鲁道夫数。

　　后来随着分析方法的运用，出现无穷乘积式、无穷连分数、无穷级数等各种 π 值表达式，π 值计算精度迅速增加。1948 年，英国的弗格森和美国的伦奇共同把 π 值精确到小数点后 808 位，成为人工计算圆周率值的最高纪录。电子计算机的出现，更是给圆周率的计算精度插上腾飞的翅膀。至今，最新纪录已精确到了小数点后 25 769.803 7 亿位。

　　在日常生活中，可能用到 π＝3.14 就足够了，即使是科学计算中精确到 3.141 592 65 应该也够了。具体到多少位要根据实际情况。为半径 100 m 的游泳池建造防护栏，与总长度 628.318 5 m

相比，差几毫米并不重要；国际空间站的引导与导航控制系统使
用的 π 要精确到 15 位，空间一体化全球定位系统/惯性导航系统
(SIGI)需要取 16 位，SIGI 被用于控制和稳定宇宙飞船；物理学宇
宙基本常数使用的 π 要精确到 32 位。

2. 圆周率日

图 **4.2**　圆周率日的饼 /维基百科

　　众所周知，圆周率 π 的值约为 3.14。因此数学家把 3 月 14 日
这一天称为"圆周率日"。通常在下午 1 时 59 分庆祝，以象征圆周
率的六位近似值 3.141 59。一些用 24 小时计时的人将下午 1 时 59
记作 13 时 59 分，会改在凌晨 1 时 59 分庆祝。全球各地的一些大
学数学系在这天开派对庆祝。大家在一起分享自己制作的馅饼或
比萨饼(如图 4.2)，因为馅饼的英文 pie 的英文发音与圆周率 π 的
英文发音完全一致，比萨饼的英文 pizza 前两个字母与 π 的英文 pi
相同。我们有时也可以把它称为"派"。如果把 314 做一个上下镜
射再做一次左右镜射的话，你也可以得到 PIE！更有人创作了"圆

周率3.14交响曲"，祝大家π日快乐。交响曲作者把圆周率小数点后的31位数翻译成了音符，很神奇。3月14日这一天还是爱因斯坦的生日。

圆周率日是从何时开始的已经不可考，目前已知最早的大型以π为主题的庆祝活动，是在1988年3月14日由旧金山科学博物馆举办的，组织人为博物馆的物理学家拉里·肖。他带着博物馆所有参与者一起围绕着博物馆纪念碑做3又1/7圈（22/7，π的近似值之一）的圆周运动，一起吃水果派，分享有关π的知识。后来，旧金山科学博物馆继承了这个传统，在每年的这一天都举办庆祝活动。

现在类似的纪念日越来越多。除了圆周率日外，还有圆周率近似值日。英国式日期记作22/7，看成圆周率的近似分数，所以7月22日被当作圆周率近似值日；还有一个是4月26日，因为这天地球公转了大约两个天文单位距离，以地球公转轨道长度除以这距离等于圆周率。因祖冲之求得的圆周率更近似分数355/113，我们中国人可以把每一年的第355日下午1时13分（平年是12月21日，闰年则是12月20日）当作圆周率近似值日。

许多人以能背诵出圆周率小数点后的多位数字为荣，的确也会赢得全社会的喝彩。据2006年11月26日的《明报》报道，陕西杨凌西北农林科技大学的学生吕超，在2005年11月20日，经过连续24小时04分的努力，无差错连续背诵圆周率达小数点后第67 890位，创造了"背诵圆周率"新的世界纪录，获英国健力士总部正式认可。据2006年10月4日的法新社报道，日本60岁的原口秋良，不眠不休花了16小时，背诵圆周率至第10万位数字。原口秋良以往曾经背诵至83 431位数，并申请列入吉尼斯世界纪录。

　　我们没有这个本事，也不想去背它。在写程序时，有时会用到 π，那就用自己所能记住的部分：3.141 592 65。似乎这已经足够了。当然，如果需要更多位数的话，我们也有一个窍门。有一个顺口溜："山间一寺一壶酒，而乐吾刹五，把酒吃酒三而三，巴士溜而溜，西伞三把。伞而，吃酒要把诗，吣起起舞柔，丝丝舞吧，吣啊似起啊，拧扭我把，把一壶酒，爸爸您留留吧！留丝您一身。留起要把起舞。"它的谐音就是：

3.141592653589793238462643383279184177564458124720658815988066864013671875

这在目前最极端的科学计算中已足够用啦。

　　圆周率日在全世界已经越来越被人们注意到。每到 3 月 14 日，我们都会看到大量的文字和图片。连美国国家橄榄球联盟（NFL）都微博了一把呢。这似乎比 11 月 11 日的光棍节更有内涵。

3. 圆周率日的数独

　　每到 3 月 14 日圆周率日，就会有文人墨客用各种方式来纪念这个日子。我们选取"Brain Freeze Puzzles"网站上的两个数独题（如图 4.3）介绍给读者。

　　题（2008 年）这个数独的规定是：每一行每一列和每一个色板都正好由 π 的前 12 位数字 3.141 592 653 58 组成。注意这 12 个数字有两个"1"、两个"3"和 3 个"5"。

　　题（2011 年）这个数独很独特。它的每一个同心圆和每一个色板都有 12 个格。这个数独的规定是：每一个同心圆和每一个色板都正好由 π 的前 12 位数字 3.141 592 653 58 组成。

　　这个网站的站主是赖利和陶奥尔曼。他们可以说是数独专家，

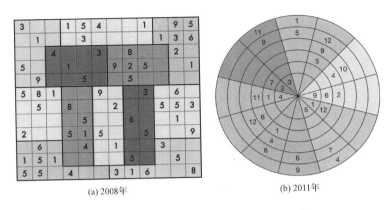

(a) 2008年　　　　　(b) 2011年

图 4.3　圆周率日的数独 / Brain Freeze Puzzles

他们合作写了两本书《数独之外》（*Beyond Sudoku*）和《上色数独》（*Color Sudoku*）。关于数独，我们还要告诉读者的是，Matlab 之父莫勒的新书《用 Matlab 做实验》有一章叫"数独"。（这本书另有一章叫幻方。我们在第 1 册第二章介绍了幻方。）这里的例子让我们看到，数独不是一个单一的填充 9 个数字的问题。它可以通过增加各种条件来增加趣味性。对数独失去兴趣的读者可以考虑更数学的算独(KenKen)。有人把数独称作"九宫格游戏"。对数独有兴趣的读者还可以参看第 3 册第十二章"墓碑上的数学恋歌"和第 1 册第八章"xkcd 的数学漫画"的两个数独。

4. 6.28 圆周率和 3.14 圆周率之争

Q 另外我们不得不说关于 π 还有一场不大不小的论战。也许我们都早已习惯了把 π 作为计算圆周长的常数，但有些人持有异见，认为这不够科学，更为合理的应该是 2π。他们的推理如下：圆周率应该是一个表示圆周的常数，而 π 则是一个圆周的一半。

如果把 2π 作为圆周率，一个 2π 恰好是一个圆周之长；$90°$ 是四分之一个周长，而 2π 的四分之一正好是 $360°$ 的四分之一，也就是 $90°$。于是，犹他大学的数学教授帕拉斯提出了一个新的常数 $6.283\,185\,3\cdots$（也就是 $3.141\,592\,65\cdots$ 的两倍数），并采用符号 $\pi\!\pi$ 来表示。

帕拉斯的呼声得到一些支持。有人甚至指出，早在 1889 年，兰道就已把 2π 当作一个单一的符号来看待。不过，帕拉斯给出的新符号并不实用，因为至少到现在为止，一般的数学软件还不支持它。为此，哈特尔提出，索性用 τ 来特指这个新的圆周率，即 $\tau=2\pi$（如图 4.4）。哈特尔还建议把每年的 6 月 28 日定为"涛日"，在 2010 年 6 月 28 日发表"涛宣言"，来正式宣告"派"应退出历史舞台。

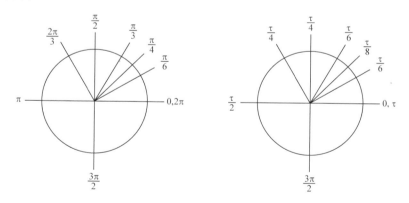

图 **4.4** π 和 τ 的关系 /http://www.tauday.com

他们的倡议虽得到一些人的支持，但也遭到了另一些人的反对。有人针锋相对地写出了"派宣言"。从目前大多的数学家的反应看，主流数学家没有响应。在数学上，用哪一个都对，且关系不大，只要认定一个就好。从这个意义上来看，6.28 圆周率的进攻显得有些无力，3.14 圆周率的反攻又似乎有点多余。

我们认为，到底用 π 还是用 τ，要以自然舒服为标准。因为派的定义是圆周长和直径的比，且国内外历史上对派的研究亦均从这个角度出发。《周髀算经》有"径一而周三"之说，意即取 π ＝3。祖冲之给出的约率为 22/7。如果说圆周长＝$2\pi r$ 不如 τr 顺眼的话，那么圆面积＝$\tau r^2/2$ 更不如 πr^2 漂亮。所以，试想把圆周长和半径的比作为圆周率多么不自然。

当然，因为历史受到人类认知的局限，未必最合理。必须承认，帕拉斯和哈特尔等人的提议有正面的意义。采用 τ 这个符号后，90°角就对应于 $\tau/4$，180°角对应于 $\tau/2$，270°角对应于 $3\tau/4$，360°角对应于 τ，而不是 2π。从这个角度来讲，τ 又是自然的！

另外，如果使用 π 会造成像千年虫问题那样的潜在危险，我们当然会毫不犹豫地采用"涛"。但是，如果非要把"派"改为"涛"，不但意味着数亿人都要去改变早已成型的概念，而且数不清的软件、书籍需要再版，在这样的修改过程中又可能产生这样那样的纰漏，造成重大经济损失（这样的例子有英制向公制的转换）。值得吗？

总之，我们觉得，3.14 的选择无疑有缺陷，但已不可逆转。不管大家持有什么观点，我们不妨权当一件趣闻，从中学点知识。顺便结合我们在第 1 册第三章"钟表上的数学与艺术"里对钟面和表盘的讨论，请大家欣赏一个"派钟"（如图 4.5）。个人觉得，如果钟面或表盘上的数字都是以 6 为分母，会更加理想。

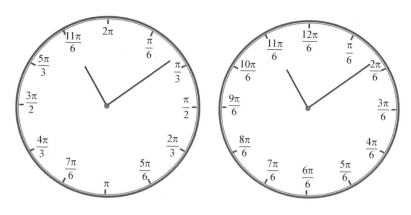

图 4.5 派钟/作者

5. π的文化

　　喜爱π的人不仅多，而且方式多样。有不少人以π为主题画了漫画。有一个数学漫画博客"不那么谦虚的π"（Not So Humble Pi），围绕"π"写博客，而且绝对是一个π控，几乎每篇博文都有π的漫画。其实π本身就已经很有卡通的味道。加上两只眼睛和一双手，然后的发挥就是文字了。下面是我们用微软的 PowerPoint 做出的一幅作品（如图 4.6）。

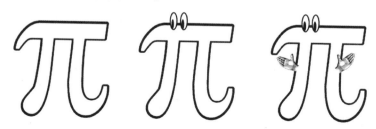

图 4.6 圆周率漫画/作者

　　有一些建筑设计会把π嵌入进去。更有爱好猎奇的人们为我们留下这些杰作的影像（如图 4.7 和图 4.8）。

图 **4.7**　柏林工业大学数学楼前的马赛克镶嵌艺术/维基百科①

图 **4.8**　位于英格兰威尔特郡的巨石阵/维基百科

①　此作品由 Holger Motzkau 提供授权。

更有人在大自然中寻找圆周率。雨前雨后，乱云翻滚，时常
会出现一些有意思的图案。人们会不失时机地摄影留言。看下面
的照片（如图 4.9），看过之后，恐怕大家只能惊叹空气动力学运动
怎么会造出如此的形状来！

图 **4.9**　大自然中的圆周率 /Back to the Land 博客

按说，从古至今，人们对圆周率是足够重视的了，不但有圆
周率日，而且还有 6.28 圆周率和 3.14 圆周率之争。但有些奇怪的
是，没有多少国家发行的邮票与圆周率相关。中国做的是最好的，
至今已经发行了祖冲之和刘徽两枚邮票（如图 4.10）：

这当然是因为古代中国在计算圆周率上有特殊贡献。不过，
海外科普作家卢昌海对中国古代的圆周率有自己的见解。

美国邮政局允许客户自己制作邮票。有一些数学爱好者自制
了与 π 有关的邮票。但很少有国家正式发行过有关圆周率"π"的邮

图 **4.10**　祖冲之和刘徽两枚邮票/中国邮政局

票。我们好奇，搜寻了一番，勉强找到 3 枚，分别为一枚密克罗尼西亚联邦发行的圆周率邮票和两枚哥伦比亚发行的哥伦比亚工程师学会邮票。

我们在第 3 册第十二章"墓碑上的数学恋歌"中介绍两个关于 π 的故事。

π 是一个符号，π 也是一种文化。有美国人居然把 π 注册成了商标，这个人是在标准的 π 的符号后面加了一个点，然后命令所有用了"他的商标的产品下架"。这样不得人心的做法必将受到强烈的反对。

6. 思考一些关于 π 的问题

下面是两个在互联网上转帖的计算 π 的错误方法：一个得到 π＝4，另一个得到 π＝3（如图 4.11）。**题**能否找出它们的错误来？

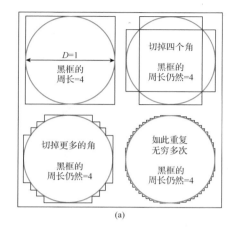

$$x = (\pi + 3)/2$$
$$2x = \pi + 3$$
$$2x(\pi - 3) = (\pi + 3)(\pi - 3)$$
$$2\pi x - 6x = \pi^2 - 9$$
$$9 - 6x = \pi^2 - 2\pi x$$
$$9 - 6x + x^2 = \pi^2 - 2\pi x + x^2$$
$$(3 - x)^2 = (\pi - x)^2$$
$$3 - x = \pi - x$$
$$\pi = 3$$

(b)

图 **4.11**　两个计算 π 的错误方法 /网络

与图 4.11 类似的还有"毕达哥拉斯悖论"(the Pathagoras Paradox)，用锯齿边形状近似直角三角形的斜边，得出了与勾股定理不同的结果。道理是一样的。

关于圆周率可以写出许多故事来，甚至有人成了研究"π"的专家并出版了关于"π"的书。我们无法罗列出所有的故事来。最后我们再给出一些关于"π"的有趣的问题，读者需要 🔲 题 到互联网上获取更详细的信息。

(1)什么是找到 π 的最意想不到的方法？答案：布丰投针法（如图 4.12）。18 世纪，法国博物学家、数学家、生物学家、启蒙时代著名作家布丰提出以下问题：设我们有一个以平行且等距木纹铺成的地板，随意 n 次抛一支长度为 l 的比木纹之间距离 t 要小的针，求针和其中一条木纹相交 m 次的概率 p。结果，$\pi = \dfrac{2 \cdot l}{t \cdot p}$。当 n 充分大时，$p \approx \dfrac{m}{n}$。

图 **4.12**　布丰投针法 /维基百科

（2）什么是关于 π 的最不可思议的恒等式？答案：拉马努金的一系列公式。1913 年，没受过正规高等数学教育的印度青年拉马努金给数论大家哈代寄去了一封信，信中列出一系列与 π 有关的诡异恒等式。这封信让哈代瞠目结舌。下面是其中一个漂亮的连分数（其中 φ 是黄金分割）：

$$\frac{\sqrt{2\varphi^2+\varphi}-1}{\varphi}=\cfrac{e^{-\frac{2\pi}{5}}}{1+\cfrac{e^{-2\pi}}{1+\cfrac{e^{-4\pi}}{1+\cfrac{e^{-6\pi}}{1+\cdots}}}}=0.284\,0\cdots$$

有些公式简直是令人匪夷所思，比如：

$$\frac{1}{\pi}=\frac{2\sqrt{2}}{9\,801}\sum_{k=0}^{\infty}\frac{(4k)!(1\,103+26\,390k)}{(k!)^4 396^{4k}}。$$

类似的努力早在 1655 年就有英国数学家沃利斯尝试过，只是没有到拉马努金的程度。他给出了下面的公式：

$$\frac{\pi}{2} = \prod_{n=1}^{+\infty}\left[\frac{(2n)^2}{(2n-1)(2n+1)}\right] = \frac{2\cdot 2}{1\cdot 3}\frac{4\cdot 4}{3\cdot 5}\frac{6\cdot 6}{5\cdot 7}\cdots$$

这个公式太令人意外了，惠更斯根本不相信，但欧拉则用这个公式发现了伽马函数。

我们也要小心，有些公式几乎就是等于 π 了，但其实并不相等。比如下面的积分和级数与 π 分别在小数点后 42 位和小数点后 420 亿位数都相等，但它们都不等于 π：

$$\int_0^{+\infty} \cos(2x)\prod_{n=1}^{+\infty}\cos\left(\frac{x}{n}\right)\mathrm{d}x,$$

$$\left(\frac{1}{10^5}\sum_{n=-\infty}^{+\infty}\mathrm{e}^{-(n^2/10^{10})}\right)^2。$$

（3）有什么计算 π 的简单算法吗？答案：高斯－勒让德算法（Gauss-Legendre Algorithm）。这是一种迭代计算的算法。它的收敛速度很快，只需 25 次迭代即可产生 π 的 4 500 万位正确数字。一个新的版本"布伦特－萨拉明算法"（Brent-Salamin Algorithm）是在 1975 年发现的。日本筑波大学于 2009 年 8 月 17 日宣布利用此算法计算出 π 小数点后 2 576 980 370 000 位数字。

（4）能否用初等微积分的知识来计算？答案：也有一些积分表达式，比如

$$\pi = \int_0^t \frac{16x-16}{x^4-2x^3+4x-4}\mathrm{d}x,$$

Wolfram Math World 网页上还有很多各式各样的公式。

（5）最新的关于 π 的数学公式是什么？答案：1995 年的贝利-波尔温-普劳夫公式（Bailey-Borwein-Plouffe formula）。对 π 的研究已经有上千年了，但至今仍然有新的发现。这不能不说是数学的一个魅力。这个公式如下：

$$\pi = \sum_{n=0}^{+\infty} \frac{1}{16^n}\left(\frac{4}{8n+1} + \frac{2}{8n+4} - \frac{1}{8n+5} - \frac{1}{8n+6}\right).$$

（6）有什么非直接的计算 π 的方法？答案：π^2。欧拉在 1734 年得到了一个简单的公式：

$$\frac{\pi^2}{6} = 1 + \frac{1}{4} + \frac{1}{9} + \frac{1}{16} + \cdots$$

通常这个公式都是在复变函数或三角级数课程里讲到。其实也可以用初等代数来证明它，但证明不是那么显而易见。应该说明，$\pi^2/6$ 本身具有特殊意义。比如，随机取一个整数，而其不包含平方因子的概率是它的倒数。不喜欢用到开方的读者可以考虑格雷戈里的反正切级数（Gregory Series）

$$\frac{\pi}{4} = \frac{1}{1} - \frac{1}{3} + \frac{1}{5} - \frac{1}{7} + \cdots$$

（7）美国亚拉巴马州是否曾经由于宗教的原因立法把 π 定义为 3？答案：不是。但美国印第安纳州确实在 1897 年有过一个关于 π 的议案（Indiana Pi Bill），把 π 定为 3.2。幸好这样的议案没有成为法律。我们知道 π 是一个无穷不循环小数。有没有什么办法可以把它在小数点后任意多的位数写在一个有限的空间（比如一个边长 0.1 m 的方格）里？美国数学家赖曼用了一个内延伸螺线作了一个图。

（8）人们在 4 000 多年里一直在追求 π 的精确值。图 4.13 显示了大约每 50 年对 π 的有效位数的计算。注意纵轴的刻度显然不是平均分布的。那么它是什么刻度呢？（提示：请读第六章"对数和对数思维"。）

（9）一个实数被称作"正规数"（Normal Number），如果数字显示出随机分布，且每个数字出现机会均等。这里，"数字"指的是小数点前有限个数字（整数部分），以及小数点后无穷数字序列（分

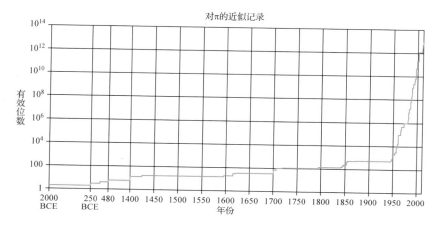

图 **4.13**　对 π 的近似记录/维基百科

数部分)。尽管几乎所有实数是正规的，要证明一个不是明确构造为正规数的数的正规性非常困难。例如$\sqrt{2}$，π 和 e 等。

(10)有人说在 π 里一定有一段是莎士比亚的文字。我们不知道是否正确，但用十进制表示是肯定不行的，这里没有英文的 26 个字母。那能否用 26 进制呢？也不行，因为前 10 个数字是 0 到 9，我们只有 16 个英文字母。所以要用 36 进制。那么如何得到 π 的 36 进制表示呢？可以求助于 Wolfram Alpha：http：// wolframalpha. com/input/？ i＝pi＋in＋base＋36. 我们在第三章"用数学方程创作艺术"里更多地介绍了 Wolfram Alpha。

(11)真正在实际中用到 π 时，可能需要读者做一些基本的课题研究。下面给出一个 NASA 喷气推进实验室(JPL)在"天空中的π"(Pi in the Sky)的一个题目作为例子来说明这一点。这个题目是："土壤、水分主被动探测"（Soil Moisture Active Passive）(SMAP，如图 4.14)。目的是在地球上空 685 km 太阳同步极地轨道上用来对地球 1 000 km 宽的地带取样。请问 SMAP 需要多少天将整个地球覆盖一遍？JPL 的网站上有更多的题目和解答。

图 **4.14**　SMAP 卫星示意图 /NASA JPL

从图 4.14 可以看到，SMAP 有一个巨大的天线，直径 6 m。它是这个装置能在最短时间里覆盖地球的关键，但它在火箭发射时如何放进整流罩却是一个难题。NASA 科学家们采用的是折纸的办法。对折纸有兴趣的读者请读第 3 册第十章"现代折纸与数学及应用"。

7. 结束语

Q 让我们再回到本章一开始提到的 Google 制作的 π 涂鸦。其实这个涂鸦还是有致命缺陷的：它完全忽略了数学家们公认最美的数学公式——欧拉恒等式

$$e^{i\pi} + 1 = 0。$$

美国物理学家，1965 年诺贝尔物理奖得主费曼称这个恒等式为"数学最奇妙的公式"，因为它把 5 个最基本的数学常数简洁地联系起来(还有 3 个最基本的数是－1，1/10 和$\sqrt{2}$)。顺便指出，其实欧拉把这个公式归功于他的老师约翰·伯努利。欧拉从来没有写出过这个公式，而且至今没人知道是谁先写出这个公式的。当然，在你看到 π 的时候，你的第一反应自然是圆。这没有问题，但如果你只想到了圆，那就是问题了。你还应该想到正弦函数的周期(OK，Google 涂鸦里确实有它)、正态分布、傅里叶变换、布丰投针、复数、天体轨道等，当然了，最应该还有欧拉公式。

下次再过 π 日，你会只想到圆吗？

参考文献

1. Bob Palais. π is wrong!，The Mathematical Intelligencer，2001，23（3）：7－8.

2. Michael Hartl. The Tau Manifesto. http：∥tauday. com/tau-manifesto. pdf.

3. Pi Formulas，http：∥mathworld. wolfram. com/PiFormulas. html.

4. J. M. Borwein，P. B. Borwein，and D. H. Bailey. Ramanujan，Modular E-quations，and Approximations to Pi or How to Compute One Billion Digits of Pi，The American Mathematical Monthly，1989，96(3)：201－219.

5. N. D. Baruah，Bruce C. Berndt，and Heng Huat Chan. Ramanujan's Series for 1/ π：A Survey，The American Mathematical Monthly，2009（116）：567－587.

6. R. A. Kortram，Simple Proofs for $\sum_{k=1}^{\infty} \frac{1}{k^2} = \frac{\pi^2}{6}$ and $\sin x = x \prod_{k=1}^{\infty} \left(1 - \frac{x^2}{k^2\pi^2}\right)$，Mathematics Magazine，April 1996.

7. D. H. Bailey，J. M. Borwein，赵京，译. 为什么我们还没有对 Pi 感到厌

倦？数学文化，2014，5(2)：78－82.

8. Evelyn Lamb. How Much Pi Do You Need?，Scientific American，2012 年 7 月 21 日.

9. D. H. Bailey，P. Borwein and S. Plouffe. On the rapid computation of various polylogarithmic constants，Math. Comp.，1997(66)：903－913.

10. T. J. Osler. Get Billions and Billions of Correct Digits of PI from a Wrong Formula，Mathematics and Computer Education，1999，33(1)：40－45.

11. D. H. Bailey，J. M. Borwein. Future Prospects for Computer-Assisted Mathematics. https：// www. carma. newcastle. edu. au/... /math-futuure. pdf，2005.

12. Ed Sandifer. How Euler Did It，e，p and i：Why is "Euler" in the Euler identity?，MAA，August，2007. http：// eulerarchive. maa. org/hedi/HEDI-2007-08. pdf.

13. 张雄. 日益精确的圆周率——计算 π 值的历程. 数学发现之旅. 北京：中国科学技术出版社，2012.

14. 冯大诚. 圆周率与普朗克常数 . http：// blog. sciencenet. cn/blog-612874-548595. html.

15. 李泳. 数学的性感. http：// blog. sciencenet. cn/blog-279992-806656. html.

16. 易南轩，王芝平. 邮票王国中的迷人数学. 北京：科学出版社，2012.

17. 陈关荣. 从圆周率 π 谈起. 数学与人文（第 6 辑）. 北京：高等教育出版社，2012.

18. 欧阳顺湘. 谷歌数学涂鸦赏析（下）. 数学文化. 2013，4(3)：32－51.

19. 卢昌海. 中国历史上的圆周率. http：// www. changhai. org/community/article _ load. php? aid＝1358346235.

20. Ed Sandifer. How Euler Did It，Wallis's formula. http：// eulerarchive. maa. org/hedi/HEDI-2004-11. pdf.

21. 周涛. 新中国邮票中的数学元素. 数学文化. 2010，1(3)：41－46.

第五章 $\sqrt{2}$，人们发现的第一个无理数

在数学的历史上，从来也不缺乏波澜壮阔而又斗争激烈的故事，而每一次斗争的胜利都近乎是数学的一次重生，$\sqrt{2}$这个看似简单，实则不简单的数字，就在数学的大幕中有分外磅礴的一章。

1. 无理数不是没有道理的数

在数学上，有理数是能够化为两个整数之比的数，包含整数和分数。由于任何一个有理数都可以化为一个整数 n 和一个非零整数 m 的比（ratio），通常写作 n/m，所以有理数也称作分数。其希腊文为 λoγos，原意为"成比例的数"（rational number），与此相对应，无理数即为"不成比例的数"（irrational number）。但是为什么最终出现了与原意大不相同的中文译名呢？这是由于在数学漂洋过海过程中出现了误读，是数学传播中的一桩冤假错案。现如今，数学家项武义、王昆扬等都极力主张在出版物中加以纠正，以正视听，比如，项武义先生把有理数称为"比数"，把无理数称为"非比数"。这个提法是非常有道理的。

有理数的概念最早源自欧几里得的《原本》，明末数学家徐光启和利玛窦翻译《原本》前 6 卷依据的底本是拉丁文本，他们将 λoγos 译为中国文言文中的"理"（即"比值"的意思）。日本在明治维新之前，多采用中国翻译的西方数学译本。日本人将文言文中的

"理"直接翻译成了"理"，再后来，日本人又直接依据错误的理解翻译出"有理数"和"无理数"。日本在明治维新之后，数学得到迅猛发展。到了清末，中国开始派遣留学生到日本留学，中国留学生又将翻译错误传回中国，以讹传讹，沿用至今。

有人诙谐地讲，有理数听起来像是"有道理的数"，这样一来，难道无理数就是没有道理的数了吗？这在毕达哥拉斯的时代确实如此，因为那是一个有理数至上，有理数是万物之尊的年代，所以把有理数理解为"有道理的数"也不无道理，而无理数在发现之初也确实饱受了责难，被看作另类，在当时是完全没有道理的数。不过，有理还是无理，终归需要历史作为判官，做出公正的裁断。

2. $\sqrt{2}$带来的悲剧

有理数有了合理的代数意义，大家自然会问：它是否有几何意义？若有，它的几何意义是什么呢？答案是肯定的，它的几何解释比较简单。在一条水平直线上，取一截线段作为单位长度，若令它的定端点和右端点分别表示数 0 和 1，则整数就可用这条直线上的间隔为单位长度的点的集合来表示，正整数在 0 的右侧，负整数在 0 的左侧。以 q 为分母的分数，可以用每一单位长度分为 q 等分的点表示。于是，每一个有理数都与直线上的一个点对应。数学家们曾经误认为，直线上的点都可以这样来表示。但是历史不会被蒙蔽，大约在公元前 5 世纪，毕达哥拉斯学派的希帕苏斯发现：不能用整数或分数来表示边长为 1 的正方形的对角线长度。

这就是 $\sqrt{2}$ 的发现，通常被认为是第 1 个发现的无理数。希帕苏斯以几何方法证明 $\sqrt{2}$ 无法用整数及分数表示。当时他试图用分数来表示 $\sqrt{2}$，却发现这是不可能的。可惜的是，这个重大的发现

图 5.1   希帕苏斯 /维基百科

非但没有使毕达哥拉斯学派欢呼雀跃，反而使之焦虑丛生。因为，这个发现直接触犯了其"万物皆数"（指整数）的根本信条。古巴比伦泥版中也有相关记载（如图 5.2）。

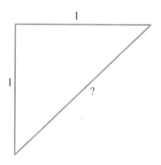

图 5.2   古巴比伦泥版 YBC 7289 /维基百科，卡斯尔曼

毕达哥拉斯在铁匠铺里发现了音乐和声的基本原理，即音调和谐的锤子有一种简单的数学关系，其质量彼此之间成简单比（或简分数），对音乐理论的发展不可小觑，但是他们一厢情愿地认为所有的数都是这样一个简单的比，认为可以通过整数或整数之比

来表达宇宙间的各种关系，着实体现了时代的局限性。具有反讽意味的是，毕达哥拉斯学派的一项重大贡献是证明了勾股定理（Pythagoras' Theorem），而发现 $\sqrt{2}$ 的希帕苏斯很可能就是通过勾股定理发现它的，因为直角边长均为 1 的直角三角形的斜边的长度就是 $\sqrt{2}$。

虽然二者并无矛盾，但是对于笃信万物皆数的毕达哥拉斯学派来讲，希帕苏斯的结论所引发的不安可以想见有多大。他们根本不相信无理数的存在，但又无法证明 $\sqrt{2}$ 是有理数，所以困惑和焦虑重重。后来希帕苏斯又擅自将无理数透露给外人，终于点燃了毕达哥拉斯的愤怒之火，他借口希帕苏斯触犯学派章程而判决将他淹死，其罪名等同于"渎神"。但历史是明正的，后来人们证明了无理数的合理性，也使得毕达哥拉斯学派为此终身蒙羞，而希帕苏斯终于用自己的生命为代价使得真理得以为世人所知。

3. 第一次数学危机

无理数的发现造成了数学界的惶恐，史称第一次数学危机，使得当时一直在西方数学界占主导地位的毕达哥拉斯学派遭受前所未有的冲击，亦开启了西方数学界对于无理数的研究和探索。

这种局面一直持续到大约公元前 370 年，柏拉图的学生欧多克斯尝试解决无理数的问题。他纯粹用公理化方法创立了新的比例理论，巧妙地处理了可公度量和不可公度量。自此，人们才开始接受无理数。

欧多克斯的思想影响深远，他处理不可公度量的办法，被欧几里得的《原本》第 5 卷"比例论"收录。不过他的做法也不十全十美，因为他是从几何出发的。时隔两千多年后，高斯的关门弟子戴德金在 1872 年出版了《连续性与无理数》一书，成为现代实数理论的奠基人之一。戴德金在书中提出了戴德金分割的概念，对无理数给出了现代阐释，与欧多克斯的思想基本一致，即从几何的角度来解决问题。但康托尔批评戴德金分割在分析中的出现并不自然。康托尔从数出发，具体地说是从有理数出发，用极限定义了有理数的基本序列，从而把无理数定义为有理数的极限，引进了实数。关于实数的构造方法，除了戴德金的分割、康托尔的基本序列，还有魏尔斯特拉斯的有界单调序列，它们在逻辑上是等价的，都是用有理数的某种集合来定义无理数。他们一起建立了实数理论，但不可公度量带来的麻烦并没有因为实数理论的建立而随之完全消除，不过，他们都是把无理数通过有理数来定义，使得毕达哥拉斯学派万物皆数的思想又趋合理。

就这样，第一次数学危机到 19 世纪才真正得到彻底的解决，也还了希帕苏斯一个清白。这个迟到的正义虽然对于希帕苏斯本人为时已晚，但是却让他终身为人们所铭记。另外，从他的故事也可以看到，强权可以掩盖真理于一时，但真理终将存在于一世。

第一次数学危机表明，几何学的某些真理与算术无关，几何量不能完全由整数及其比来表示。反之，数却可以由几何量表示出来。整数的尊崇地位受到挑战，古希腊的数学观点受到极大的冲击。于是，几何学开始在希腊数学中占有特殊地位。同时也反映出，直觉和经验不一定靠得住，而推理证明才是可靠的。从此希腊人开始从"自明的"公理出发，经过演绎推理，并由此建立几何学体系。这是数学思想上的一次革命，是第一次数学危机的自然产物。

回顾在此以前的各种数学，无非都是"算"，也就是提供算法。

即使在古希腊，数学也是从实际出发，应用到实际问题中去的。例如，泰勒斯预测日食、利用影子计算金字塔高度、测量船只离岸距离，等等，都是属于计算技术范围的。至于古代埃及、巴比伦、中国和印度等国的数学，并没有经历过这样的危机和革命，也就继续走着以算为主，以用为主的道路。而由于第一次数学危机的发生和解决，希腊数学则走上完全不同的发展道路，形成了欧几里得《原本》的公理体系与亚里士多德的逻辑体系，为世界数学做出了独特的贡献。

但是，自此以后，古希腊人也矫枉过正，把几何看成了全部数学的基础，把数的研究隶属于形的研究，他们考虑一个数的时候，先考虑这个数是否有几何意义，一个数有几何意义才被承认。比如，他们承认一个数的平方，因为平方的几何意义是面积，他们也承认一个数的立方，因为立方代表体积，而因一个数的更高次方没有明显的几何意义，他们便不予考虑了。这就限制了希腊算术和代数的发展，而现代数学则是欧洲人借鉴了东方的计算技术和希腊的几何，再加上自己的独特创造产生的。

在中国初中课本里对实数大致是这样描述的：循环小数叫作有理数，不循环小数叫作无理数，有理数和无理数统称为实数。严格地说，这样的描述不能作为定义。因为我们实际上是先承认了实数，然后再把实数分为了有理数和无理数这两大类，最后又说有理数和无理数一起构成实数。这样的描述在初中是可以接受的，但是在大学里应该有一个提高。

4. 倍立方解法之历史思路探究

Q 现在我们都知道，$\sqrt{2}$的几何意义是单位正方形的对角线长度。那么读者可能很自然会问，2 的立方根 $\sqrt[3]{2}$ 的意义是什么呢？它的名字叫"提洛常数"(Delian Constant)。相传公元前 429 年在希腊提洛岛(Delos)上瘟疫蔓延。岛民们去神庙请示阿波罗的旨意。神谕：必须将阿波罗神殿中那正立方的祭坛加大一倍。岛民做不到，只好求助于柏拉图。柏拉图和他的学生利用尺规作图，以为可以很容易做到。结果也以失败而告终。这个问题被称为倍立方问题。倍立方问题是古希腊三大几何作图问题之一，说的是，求作一立方体，使其体积等于已知立方体的两倍（如图 5.3）。

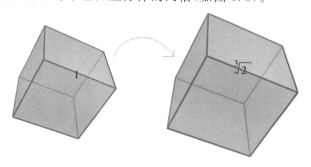

图 5.3   倍立方问题 / 维基百科

古希腊的希波克拉底指出，这个问题实质上可以转化为求线段 a 与 $2a$ 的两个比例中项问题。这个论断不太直观，让我们先接受它。用现代数学的语言可以这样来表述，令 x 和 y 表示这两个比例中项，则 $a : x = x : y = y : 2a$，由此，可得 $x^2 = ay$，$y^2 = 2ax$，消去 y，可得 $x^3 = 2a^3$，x 即为倍立方体问题的解。他虽未能如愿从几何上做出这样的比例中项线段，但有人根据他的方法借助两个三角板等其他工具做出了这样的线段。

可能有人认为，过程何必这么烦琐，直接做出长度为单位长度的 $\sqrt[3]{2}$ 倍的线段不就可以了吗？但难就难在 $\sqrt[3]{2}$ 的构造上。直到

1837 年旺泽尔证明 $\sqrt[3]{2}$ 是一个不可构造的数，才正式宣布只用圆规和直尺是永远也不能解决倍立方体问题的。

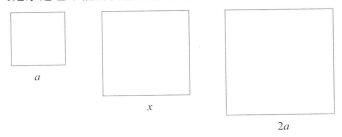

图 5.4 x 是 a 和 $2a$ 的几何平均 / 作者

　　现在回过头来看一看希波克拉底的方法。数学史上对希波克拉底记载不多。人们猜测他可能是古希腊天文学、几何学家恩诺皮德斯或者毕达哥拉斯的学生。他的最大贡献是写了第一部《几何原本》（*Elements*），但是已经失传，应该为欧几里得的《原本》奠定了基础。请允许我们对希波克拉底的方法作一个猜测。我们先考虑二维空间里如何把一个边长为 $a=1$ 的单位正方形的面积加倍得到一个新的边长为 x 的正方形。显然，这个正方形的边长 x 介于 a 和 $2a$ 之间。那它应该是什么数呢？答案是这两个数的几何平均数。而几何平均数就是这两个数的比例中项，即有 $a:x=x:2a$（如图 5.4）。希波克拉底是不是先考虑过二维的情形，然后按照这个思路推广到三维呢？他是不是由此想到的加入两个比例中项呢？

　　🔲 在希波克拉底的计算中，数字 y 是多少？它的几何意义是什么？

　　🔲 用希波克拉底的方法计算把一个 4 维（或 n 维）超立方体加倍（或加 4 倍、8 倍）时边长增加多少倍。

　　虽然希波克拉底没有完全解决倍立方体问题，但他是第一个在这个问题上迈出关键一步的人，所以人们记住了他。这样的例子有很多。比如在张益唐得到了孪生素数猜想的上限七千万之后，人们早已把上限降到了 246，但人们记住的是张益唐。

倍立方虽然不能用尺规方法得到，但是可以用折纸的方法来得到。对折纸有兴趣的读者请读第 3 册第十章"现代折纸与数学及应用"。

5. 其他关于$\sqrt{2}$的故事

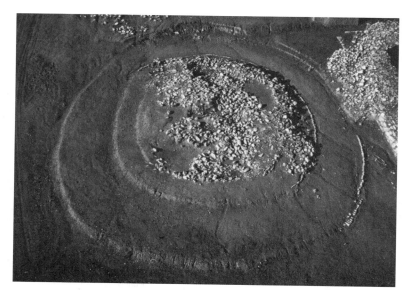

图 5.5　牛河梁三圆祭坛/牛河梁国家考古遗址公园

中国古代虽无对$\sqrt{2}$的研究记录，但已有使用$\sqrt{2}$的痕迹。早在五千多年前的红山文化时期，牛河梁有一个三圆祭坛（如图 5.5），其 3 个圆的直径分别为 11 m，15.6 m 和 22 m，正好满足：$15.6 \div 11 \approx \sqrt{2}$，$22 \div 15.6 \approx \sqrt{2}$，应该说是一个佐证。为什么是三个圆呢？我们可以这样理解，中国人以三为尊，道家学派创始人老子就说过：道生一，一生二，二生三，三生万物。我们目前虽无从知晓红山先民是如何得到这个比例的，但据比红山文化晚了两千多年的《周髀算经》可以猜测，他们很可能早就接受了"圆出于方，方出于矩"的概念。如果这个猜测正确，那么他们先用"勾广三，股修四，径隅五"得到两个直角三角形，将直角边增加一个单位的长度，然后合并到一起得到方。从方画内切圆和外接圆就可以得到$\sqrt{2}$这个比率了（如图 5.6，图 5.7）。

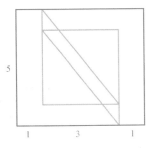

图 5.6 勾广三，股修四，径隅五示意图/作者

图 5.7 圆出于方，方出于矩示意图/作者

最早涉及无理数的史书是印度的《吠陀》中关于庙宇、祭坛的设计与测量的部分《测绳的法规》，即《绳法经》，成书于大约公元前8世纪至2世纪。其中，对正方形的祭坛进行计算时，把$\sqrt{2}$取为：

$$\sqrt{2} = 1 + \frac{1}{3} + \frac{1}{3 \times 4} - \frac{1}{3 \times 4 \times 34} = \frac{577}{408} \approx 1.414\,215\,686。$$

这是$\sqrt{2}$的一个近似值，与现今$\sqrt{2}$的精确值相比，在当时已经能够精确到了小数点后5位。有印度史书指出，有些根号的值是不可能精确确定的。这表明印度人早就意识到了无理数的存在。

印度人的《绳法经》出现于大约公元前800多年前。包德哈亚那在他的《包德哈亚那文集》（*Baudhayana Sulba Sutra*）中，给出了一个精确到小数点后5位数的计算$\sqrt{2}$的算法。包德哈亚那还给出了勾股定理的最早的描述。

图 5.8　希罗 / 维基百科

公元1世纪，数学家希罗给出了第一个一般性算法。给定一个正数x，我们要寻找一个实数y，使得$y \cdot y = x$。这个算法的步骤如下：

（1）我们先给一个猜测值，记为g；

（2）如果$g \cdot g$与x充分接近，终止计算，把g作为答案；

（3）否则取g和x/g的平均值$(g + x/g)/2$作为新的猜测值，并仍然记为g；

（4）用这个新的g重复以上第2步和第3步，直到$g \cdot g$与x充分接近。

让我们以$\sqrt{2}$为例看看这个算法怎样进行（如表 5.1）。我们知道g 一定在 1 和 2 之间，所以取 1.5 为第 1 个猜测值。表 5.1 是按这个算法巡回 3 次后的结果。可以看到 $g \cdot g$ 与 2 已经相当接近。注意这个算法已经非常漂亮。它包含了计算机算法中的 3 个重要元素：检验、计算和流程。在计算机科学领域里，提出$\sqrt{x}$的定义或者指出 4 的算术平方根是 2 等属于陈述性知识，而希罗的一般性算法则是过程性知识。在计算机科学里，人们追求的就是过程性知识。

表 5.1

g	$g \cdot g$	x/g	$(g+x/g)/2$
1.5	2.25	1.333333333	1.416666667
1.416666667	2.006944444	1.411764706	1.414215686
1.414215686	2.000006007	1.414211438	1.414213562

第一个使用"$\sqrt{\ }$"的是鲁道夫。好的符号可以给人们带来美感，而美感可以激发创造力。鲁道夫不能算是一位有名的数学家，但肯定是一位优秀的数学教育家。丘吉尔曾经说过，"数学和数学教育是分享一个共同主题的两个学科"，这两个领域是相辅相成的。从这个意义上说，数学教育家的贡献是不能忽略的。鲁道夫是在 1525 年出版的德国第一本代数教科书《求根式》里使用"$\sqrt{\ }$"符号的，据说是因为"$\sqrt{\ }$"与"根"的拉丁文 radix 第一个字母"r"的小写相仿。在这本教科书里，他还第一次使用了根号前的正号"＋"和负号"－"。他也是第一个给出 $x^0=1$ 的合理定义的人。

大约是在 1780 年，拉格朗日发现，任何一个非完全平方的正整数的平方根都可以写成有周期的连分数。例如，

图 **5.9**　鲁道夫 /维基百科

$$\sqrt{2}=1+\cfrac{1}{2+\cfrac{1}{2+\cfrac{1}{2+\cfrac{1}{2+\cfrac{1}{2+\sqrt{2}}}}}}\, 。$$

其实证明这个等式也不难。我们可以从 $\sqrt{2}=1+\cfrac{1}{1+\sqrt{2}}$ 开始。

把右式中的 $\sqrt{2}$ 用这个表达式替换得到

$$\sqrt{2}=1+\cfrac{1}{1+\sqrt{2}}=1+\cfrac{1}{1+\left(1+\cfrac{1}{1+\sqrt{2}}\right)}\, 。$$

如此反复即可得到上面的连分数。同样的思想可以在很多例子里使用。比如黄金分割数 φ 是方程 $x^2+x-1=0$ 中较大的一个解，满足 $\varphi=-1+1/\varphi$。读者可以自己试一试 题 我们应该得到什么样的一个连分数。从这个意义上来看，平方根是最简单的无理数，因为它们可以用整数的简单重复形式来表示。

Ⓠ 我们甚至可以用 2 和 $\sqrt{2}$ 写出 π 的表达式来：

$$\pi = 2 \cdot \frac{2}{\sqrt{2}} \cdot \frac{2}{\sqrt{2+\sqrt{2}}} \cdot \frac{2}{\sqrt{2+\sqrt{2+\sqrt{2}}}} \cdots$$

更多关于 π 的故事可以在"说说圆周率 π"一章里找到。

连分数的思想很重要。它与康托尔对实数定义的处理是一致的。从这个例子来看，我们认为康托尔的实数定义更为合理自然。这个思想也反映在计算机科学上，因为我们是在用 0 和 1 来近似显示整个世界。

虽然人们几乎公认为 $\sqrt{2}$ 是最早发现的无理数，但也存在不同的声音。有人声称，正五边形的边与对角线之比 $\dfrac{-1+\sqrt{5}}{2}$ 是最先被发现的无理数。但无论如何，$\sqrt{2}$ 都主导了数学界的一次革命，在历史上具有不可抹杀的作用。

Ⓠ 除了 2 次方根和 3 次方根外，还有 2 的哪些次方根具有特殊的意义呢？$\sqrt[12]{2}$ 也是一个特殊的数。它是音乐中的"十二平均律"的根基。见第 1 册第五章"数学与音乐"中的详细讨论。欧拉在他的"Introduction in analysis infinitorum"一书里计算了 $\sqrt[12]{2^7}$ 并得到了一个近似值 1.498 307。欧拉选择这个例子的原因很简单：它与 1.5（或者说3/2）很接近。如果读者已经读过"数学与音乐"一章，你一定已经意识到它是音乐中的一个重要数字。

Ⓠ 《纽约时报》在 2009 年 2 月发过一篇文章，建议机场抽查采用平方根办法。对嫌疑分数比平均高出 100 倍的人（比如单身男性、与恐怖分子同姓等）应该是其他人被抽查概率的 10（即 100 的

平方根)倍,说是这样可以提高效率,避免过多滥涉无辜。我们不知道平方根法是否有效,但人们有意用数学优化值得赞扬。

Ｑ 让我们看一个有趣的事实:看数列 $n\sqrt{2}(n=1,2,3,\cdots)$:
1.414,2.828,4.243,5.657,7.071,8.485,9.899,11.314,…取其整数部分成一个新的数列:1,2,4,5,7,8,9,11,…把这个数列与正整数相比,缺少的那些数组成第二个新数列:3,6,10,13,17,20,…用第二个数列减去第一个数列,我们得到正偶数数列:2,4,6,8,10,…这不是一个巧合,因为这个事实有一个推广,叫"贝亚蒂定理"(Beatty's theorem)。

题 通常的课本中,$\sqrt{2}$ 是无理数的最常用的证明是反证法。然而反证法并不是学生容易接受的方法。事实上古希腊人也不是采用反证法。那么能否采用某种直接的方法呢?

题 在下面的 3×4 网格里,横向和纵向的相邻点之间的距离是1。如果从中任意选取两个点,请问这两点之间的距离为 $\sqrt{2}$ 的概率是多少?

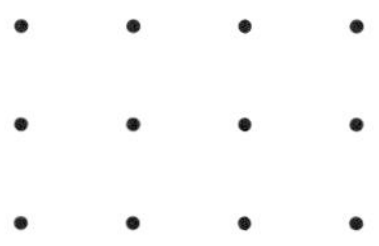

图 5.10

现在再问大家一个问题:实数多还是有理数多呢? 当然是实数多,因为实数是不可数的,有理数是可数的,它们根本不在一个数量级上。那么有理数多还是无理数多呢? 答案是无理数比有理数多得多。道理也简单:假如无理数也是可数的,那么有理数和无理数的总和就应该是可数的,而我们知道,这个总和正是实数全体。事实上，无理数与实数一样多。我们看到虽然有如此众多的无理数，人们发现无理数并最终承认无理数却还经历了这样一段痛苦的征程。可见，数学的道路并非一帆风顺，需要有勇气的人们去尝试和奋争。

我们最后问一个问题，题是不是 2 的所有次根，比如 $\sqrt[3]{2}$，$\sqrt[4]{2}$，$\sqrt[5]{2}$，…都是无理数呢？答案是肯定的。要想证明它，只要我们想一想 $\sqrt{2}$ 是无理数的证明并加以推广就可以了。

6. 数系的扩张

自从有了 $\sqrt{2}$，人们就完成了从有理数迈向无理数的第一步。从有理数到无理数，这涉及数系的扩张问题。在人类认识自然和创造数学的历史长河中，随着人们数学知识的增加，对数的认识逐步由自然数、整数、有理数扩展到实数、复数、超复数等（如图 5.11，图 5.12）。1873 年 12 月 6 日，康托尔向戴德金宣布他证明了实数的"集体"是不可数的。从此，人们知道了无穷多也有不同层次。这一天也因此成了集合论的诞生日。

同样的问题在不同的数域中探讨会有不同的结果，所以数域在某种程度上是数学理论的一个基石，而在历史上，每一次数域的扩展基本上都会引发一场或大或小的争论，其中无理数的出现就引发了第一次数学危机。这是有史以来 3 次大的数学危机之一，第 2 次数学危机是微积分中无穷小量的引入，第 3 次数学危机源于罗素悖论。这些危机一度使得数学陷入无法行走的沼泽地，但也往往是数学新的生长点，人们在探索和解决这些危机的过程中，使得数学得到了长足的进展。由此可见，无理数的发现对数学界

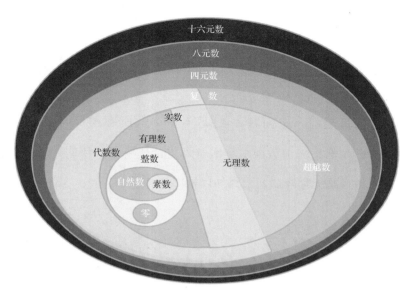

图 5.11　数系的扩张 / 作者

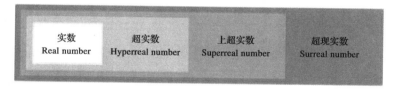

图 5.12　实数的扩张 / 作者

所产生的震动之大。

　　数学讲究自然和逻辑，喜欢在自然的状态下扩展自己的领地。我们知道，自然数是用以计量事物的件数或表示事物次序的数，在以前的中国课本里，不把 0 计入其中，现在的课本已经把 0 纳入自然数。整数则是一个抽象的概念，是在把对象进行有限整合的计算过程中产生的。因生活实践的需要，不仅要计算单个的对象，还要度量长度、质量和时间这样一些量。由此产生了分数。于是，如果定义有理数为两个整数的商，那么有理数系包括所有的整数和分数。由于 $\sqrt{2}$ 的出现，促生了无理数，数系亦随之扩张到实数系，此后又不断地扩展，目睹了数千年来的数学蜕变和荣辱。

Ⓠ不管是数系的扩张还是数系上运算的扩张都必须有它的应用背景。英国数学家古德斯坦定义了一个"迭代幂次"（tetration）就没有太大的影响。

图 **5.13**　卡尔丹诺/维基百科

题数学史上有一个著名的三次方程，它就是 $x^3 = 15x + 4$。它的 3 个根都不是虚数。其中一个根可以用下式表达：

$$r = \sqrt[3]{2 + \mathrm{i}\sqrt{121}} + \sqrt[3]{2 - \mathrm{i}\sqrt{121}},$$

这里 i 是单位虚数（$\mathrm{i}^2 = -1$）。这个公式叫作"卡尔丹诺立方公式"（Cardano's cubic formula）。当时，人们还没有建立复数的概

念，而卡尔丹诺得到的解的形式是

$$x = \sqrt[3]{2 + \sqrt{-121}} + \sqrt[3]{2 - \sqrt{-121}},$$

他对此十分困惑，认为它神秘、精致、无用。他既承认负数有平方根，又对它的合法性持怀疑态度。在犹疑和困惑中丧失了勇往直前的机会，没有像希帕苏斯那样坚持真理。他还误以为自己解方程 $x^3 = px + q(p, q$ 为正数$)$ 的方法不能用在这个方程里，但是，不管怎样，一个不争的事实是虚数在卡尔丹诺这里华丽诞生了，已经在向更高的数学认识进发了。现在，请给出 r 的一个简单的表达式。

🔲 计算 $\sqrt{7 + 4\sqrt{3}} + \sqrt{7 - 4\sqrt{3}}$。

数啊数，它真是奇妙。自从有了 $\sqrt{2}$，人们的认识就勇往直前了。

参考文献

1. 张景中. 从 $\sqrt{2}$ 谈起. 北京：中国少年儿童出版社，2004.

2. 丘成桐. 从明治维新到第二次世界大战前后中日数学人才培养之比较. 科技导报，2010，28(4)：15—20.

3. 文敏. 无理数由来的赏析. 数学之友. 2013(12)：80—81.

4. Richard Evan Schwartz. Really Big Numbers，American Mathematical Society，2014.

5. 徐品方，张红. 数学符号史. 北京：科学出版社，2006.

6. 张顺燕. 数学的源与流(第二版). 北京：高等教育出版社，2013.

7. 杜石然，孔国平主编. 世界数学史. 长春：吉林教育出版社，1996.

8. Felix Klein.《高观点下的初等数学》(第一卷). 舒湘芹，等译. 上海：复旦大学出版社，2011.

9. Terence Tao. Analysis I，Hindustan Book Agency (India)，2006.

10. 王昆扬. 把怪物回归常数，私人通信.

第六章　对数和对数思维

对数对于初学的人来说似乎并不是一个自然的概念。其实在一定的环境里，对数思维是人对研究对象的一种潜在调整，而更重要的是它具有把乘除法转化为加减法的奇效。现在我们以对数年龄为例，介绍对数为什么是一种自然的思维。然后再通过对数的历史来加深对于对数的了解。希望对读者学习对数有所帮助。

1. 一个例子：对数年龄

人人都希望永葆青春。很多人，特别是女人，通常对自己的年龄讳莫如深。有一种比较年龄的方式，不但有趣，也很有道理。下面我们介绍给大家。

假如，有一个 45 岁的中年男子和一个 25 岁的青年女子，大家感觉他们的年龄差距大吗？没有比较就没有鉴别，所以我们稍后来回答这个问题。

假如时光退回到 20 年前，这个中年男子回到 25 岁的青葱年华，这个女子才刚刚是 5 岁的幼儿，大家感觉他们的年龄差距大吗？

两者一比较，我们就可以显而易见，45 岁的男子和 25 岁的女子的年龄差距看起来相对不大。而 20 年前他们的年龄差距看起来却非常明显，另外，不但年龄差距看起来较大，而且就谈婚论嫁而言，依照现代的法律，25 岁的男子是如何也不能迎娶 5 岁的幼女的。

　　那么为什么同样的两个人，其年龄差距不管在什么时候都是20 岁，但在不同的年龄段，表现出的年龄差距会有如此大的变化呢？假如时光往前推进 20 年，想象一下 20 年后的他们，年龄差距看起来又会怎样呢？怎样才能用数学的方法来解开这些疑问呢？

　　其实，他们看起来年龄差距不同，令人难以发觉的原因是，人们潜意识里关注的更多的是两者的年龄比值。45 岁和 25 岁的比值为 $45/25＝1.8$，20 年前的年龄 25 岁和 5 岁的比值为 $25/5＝5$，而 20 年后的年龄 65 岁和 45 岁的比值为 $65/45＝1.44$。很显然，20 年前的年龄比值最大，因此"年龄差距"看起来最大。因此，年龄比值会随着时光的流逝越来越小，这是一个动态变化的过程，能真实地反映出人们对年龄差距的直观感受。

　　为了让年龄差距与人们的直观感受相对应，我们需要重新定义年龄，或者说对年龄进行一些有趣的变换。

　　首先，我们选取一个固定的参考周期（例如胎儿发育的周期：9 个月或 $9/12$ 年）。为方便起见，我们把 $9/12$ 年称为胎儿发育期。将年龄与这个固定的周期相除得到一个比值。然后，对得到的比值取以 10 为底的对数，得到重新定义的"对数年龄"。即，由（通常的年龄/胎儿发育期）$＝10^{对数年龄}$，得到：对数年龄＝lg（通常的年龄/胎儿发育期）。

　　因此，由以上新定义的对数年龄就可以重新表示人们的年龄。对于一个 45 岁男性和一个 25 岁女性来说，其对数年龄分别为 $\lg(45×12/9)＝1.78$ 和 $\lg(25×12/9)＝1.52$，他们的年龄差距为 $1.78－1.52＝0.26$。20 年前，他们分别为 25 岁和 5 岁，其对数年龄分别为 lg(25×12/9)＝1.52 和 lg(5×12/9)＝0.82，他们的年龄差距为 1.52－0.82＝0.70，年龄差距明显变大了。而 20 年后呢？他们分别为 65 岁和 45 岁，其对数年龄分别为 lg(65×12/9)＝1.94，lg(45×12/9)＝1.78，他们的年龄差距为 1.94－1.78＝0.16，年龄差距变小了一些。反之，如果男性的年龄小于女性的年龄，那么他们的对数年龄差就是负数。统计上，人们结婚时的对数年龄差是在 0 和 0.25 之间。超出这个范围后就会让人感觉有些诧异。题 作为一个练习，不妨算一算一位 72 岁的男性和一位 27 岁的女性结婚的对数年龄差是多少。我们也可以用这个思想考察一下姐弟恋情。下面是我们给出的通常的年龄与对数年龄的关系图（如图 6.1）：

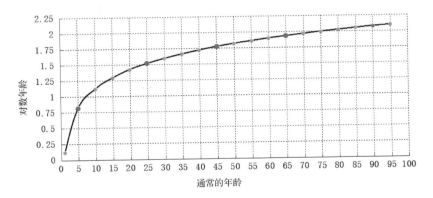

图 6.1　通常年龄与对数年龄的关系图 /作者

　　从以上可以看出，对数年龄的差距与人们的感官感受相一致。但对于习惯了普通的年龄定义的人来说，可能会对零点几或者一点几的小数年龄感觉不习惯。请不要着急，我们可以通过一些变换来改变上述结果，比如我们可以直接将上面得到的小数乘 100，得到我们习惯的整数。这样的话，百岁"老人"将比比皆是了，哈哈！

　　这么有趣和智慧的发明是谁做出的呢？原来是法国遗传学家、科普作家、评论家、人文主义者雅卡尔给出的，而且他在现实生活中就喜欢用对数年龄来表达自己。2013 年 9 月 11 日去世时，他刚刚 2.06 岁，题如果大家有兴致，可以开动脑筋算一算他是哪一年出生的。

图 6.2　雅卡尔/维基百科①

　　看到这些，大家是否也想计算一下自己的对数年龄，在别人面前用对数年龄自报家门了呢？特别是那些希望给别人年轻感觉的人士，用对数年龄可为自己大大减龄呢。

2. 对数思维

　　Q 让我们按对数年龄这个思路再举一个例子（如图 6.3）。如

---

　　①　此作品由 Guillaume Paumier 授权提供。

图 **6.3** 一个例子 /作者

果给你 9 个数字：1 到 9，请问中间的数字是什么？麻省理工学院的研究人员发现，受过正规教育的人会说是 5，但小孩子或原始人却可能会说是 3。这是因为，人的思维也是对数尺度。3^0 是 1，3^2是 9，所以两数的中间应该是 3^1，即 3。人们之所以会用这种对数尺度，这在心理学上已经有一个"费希纳法则"，就是人类的感觉强度与刺激强度的对数成正比。对数感觉就是指，当物理刺激呈几何级数变化时，我们对刺激的感觉呈算术级数变化。这个观点也印证了前面我们说到的对数年龄的合理性。在进化过程中，人对相对误差的感知比绝对误差更敏感。周围有 5 个或是 1 个狮子的差别远大于 100 只或是 96 只羚羊的区别。麻省理工学院的研究人员利用信息学的理论显示，在一定的环境条件下，假定最自然的系统运行，使用对数信息比线性信息可以减少误差。

题 你认为应该使用对数信息还是线性信息？有没有可能二者并用？

题 你能再举出一个对数思维的实际例子吗？

3. 对数的发明

　　虽然人们很早就潜在地有了对数思维，但是它在 16 世纪才正式被提出。我们认为，其原因是当两个相关变量大致在同一个范围之内时，人们更习惯于"代数地"计算，而只有当两个变量的取值范围相距较大时，人们才会用对数思维来做"几何性的"调整。对数的原始思想起源于德国的数学家斯蒂弗尔在 1544 年所著的《综合算术》。英国数学家爱德华·莱特也无意识地用到了对数。不过他并没有用对数来简化计算。

　　400 年前欧洲人的航海既艰苦又危险。海员必须依据他们出发时的港口来判断自己的位置。由于洋流和大风的作用，他们的船只经常偏航。如果方向差了哪怕只有半度，那么目的地就可能不在地平线之内了。他们必须依据太阳（或月亮）的仰角来计算自己的位置。但是那时候计算乘、除、乘方开方以及三角函数都是人工。如果能用加减法来计算就容易得多了。

图 6.4　纳皮尔 / 维基百科

　　苏格兰数学家纳皮尔，1614 年在研究球面三角天文学时正式发明对数概念，其中心思想是用加减法代替乘除法，并在他的《奇妙的对数定理说明书》(*Mirifici Logarithmorum Canonis Description*)一书中首次用拉丁文公开提出。瑞士仪器工匠比尔吉亦在

1600 年早于纳皮尔独立发明了对数，但却在 1620 年才正式发表而且他的对数表不如纳皮尔的全面。不过有迹象表明纳皮尔受到了比尔吉的工作的启发。

一开始，纳皮尔的对数不是以 10 为底，而且在他的定义下，1 的对数也不是 0。他是这样定义的：如果 $N = 10^7(1 - 10^{-7})^L$，那么 L 就是 N 的对数（如图 6.5）。我们把纳皮尔这样定义的对数记作 $\mathrm{NapLog}(N) = L$。可以验证：

$$\sqrt{N_1 N_2} = 10^7 (1 - 10^{-7})^{(L_1 + L_2)/2},$$
$$10^7 N_1 N_2 = 10^7 (1 - 10^{-7})^{L_1 + L_2},$$
$$10^7 \frac{N_1}{N_2} = 10^7 (1 - 10^{-7})^{L_1 - L_2},$$

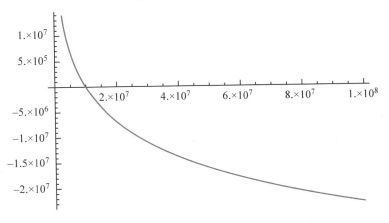

图 **6.5** 纳皮尔对数在 0 和 10^8 之间的图像/维基百科

进而有：

$$\mathrm{NapLog}(\sqrt{N_1 N_2}) = 10^7 (1 - 10^{-7})^{(L_1 + L_2)/2},$$
$$\mathrm{NapLog}(10^{-7} N_1 N_2) = \mathrm{NapLog} N_1 + \mathrm{NapLog} N_2,$$
$$\mathrm{NapLog}\left(10^{-7} \frac{N_1}{N_2}\right) = \mathrm{NapLog} N_1 - \mathrm{NapLog} N_2 .$$

如果用现代对数来表示的话，我们有：

$$\mathrm{NapLog}(N)=\frac{\lg\dfrac{10^7}{N}}{\lg\dfrac{10^7}{10^7-1}}=\frac{\lg\dfrac{N}{10^7}}{\lg\dfrac{10^7-1}{10^7}}=\frac{\lg\dfrac{N}{10^7}}{\lg(1-10^{-7})}。$$

注意纳皮尔对数与底无关。所以这里的 log 可以是以任意正实数为底。如果我们取对数的底为 $1-10^7$，那么就有

$$\mathrm{NapLog}(N)=\log_{1-10^7}\left(\frac{N}{10^7}\right)。注意(1-10^{-7})^{10^7}\approx\frac{1}{e}。$$

于是

$$\mathrm{NapLog}(N)\approx 10^7\log_{\frac{1}{e}}\left(\frac{N}{10^7}\right)=-10^7\log_e\left(\frac{N}{10^7}\right)。$$

也就是说，如果用我们现在自然对数的概念来说，纳皮尔所用的底已经非常接近自然对数了。关于为什么纳皮尔取了这样一个底，陈纪修写了一篇文章，题目为"第一张对数表是怎样制作出来的"，对这个问题进行了一个很好的介绍。

当赖特看到纳皮尔的对数表之后立即意识到了它的重要性。于是赖特把它翻译成了英文。正好英国数学家布里格斯是赖特的朋友。1614 年，布里格斯很可能是从赖特那里得到了信息，他在第 2 年特地从伦敦赶到爱丁堡去会见纳皮尔。两人一致同意应该采用以 10 为底的且使得 1 的对数为 0 的函数为对数函数。这就是常用对数的来历。

4. 自然对数

既然讲到了常用对数，读者可能会想到自然对数。似乎自然对数并不是很自然。它是怎么成为对数函数家族中的主角的呢？人们当初采用以 10 为底的对数应该是因为文化的原因，大多数数

系都是 10 进制。但是从数学上讲，自然对数底 e 显然是数学家们更自然的选择。

　　e 最初进入数学时，非常隐蔽。在纳皮尔和布里格斯确定了常用对数后不久，就有人开始考虑其他的底。可能是英国数学家奥特雷德在对数表中给出了以 e 为底的几个对数值。1647 年，圣－文森特研究了双曲线 $xy=1$ 下的面积问题。他发现，如果 $a/b=c/d$，在 $[a, b]$ 区间上的面积与在 $[c, d]$ 区间上的面积相等。我们现在知道，对实数 $x>0$，有

$$\ln x = \int_1^x \frac{1}{t} \mathrm{d}t,$$

也就是说，在双曲线下从 1 到 x 的面积正好是 x 的自然对数。特别地，当 $x=e$ 时，面积为 1。1668 年，德国数学家墨卡托首次用到自然对数这个术语，给数学家们带来惊喜，因为它预示了无穷小积分的发展。雅各布·伯努利从复利问题出发，试图找到序列 $(1+1/n)^n$ 当 n 趋于无穷大时的极限。我们现在知道这个极限就是 e，而伯努利只能确定这个极限在 2 和 3 之间，显然没有意识到这个极限与 e 的关系，但这是历史上第 1 次用极限的方法来确定一个常数。1690 年，莱布尼茨在给惠更斯的信中，首次用了一个符号来代表自然对数的底，不过他用的是 b。第 1 个把符号 e 作为自然对数底的人是欧拉。而且他很可能用的是他自己名字的第 1 个字母，所以很多人称 e 为欧拉数。这是他在 1731 年给哥德巴赫的信中提出的。随后几年，欧拉对 e 的研究取得了一系列的进展。自然对数也开始比常用对数更为常用和自然，殊不知大自然中向日葵种子的排列就是螺线形的，而螺线的方程要用 e 来定义。

5. 对数符号

对数符号 log 则出自拉丁文 logarithm，最早由意大利数学家卡瓦列里所使用。20 世纪初，形成了对数的现代表示 $\log_a N$，下面是它的图像（如图 6.6）。为了使用方便，人们逐渐把以 10 为底的常用对数及以无理数 e 为底的自然对数分别记作 $\lg N$ 和 $\ln N$。

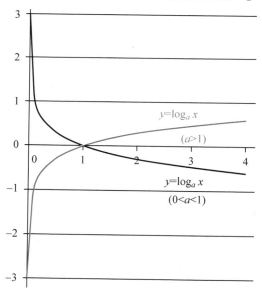

图 **6.6**　对数函数的图像 /作者

什么时候该用线性表示，什么时候该用对数表示呢？给一组数据 $\{(x_n, y_n)\}$，我们看两种情况：一种是 x 和 y 大致在同一个范围内，另一种是 y 的取值范围远比 x 的取值范围大得多。在后一种情况下，往往人们就会用到对数。

另外需要提醒大家的是，在中学阶段，通常是先学习看似简单的指数函数，然后才学习对数函数的内容。实际上，在历史上，对数函数是由上述一些实际问题产生的，而指数函数只是对数函数的反函数而已（如图 6.7）。在数学的历史上，有时会出现这种数学的逻辑顺序与历史的顺序不一致的情形，这也是我们鼓励人们了解数学史的原因之一。

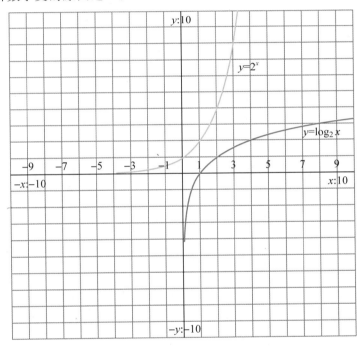

图 6.7　指数函数与对数函数的关系图/维基百科

6. 对数的力量

　　对数方法对科学进步有很大贡献，特别是在天文学方面，使某些繁难的计算成为可能。在计算器和计算机发明之前，所有的乘除计算、乘方开方和三角函数，不管是很小的数还是很大的数都是用对数来计算的。它长久地用于测量、航海及其他实用数学分支中。同时能够大大减轻计算工作量。数学家拉普拉斯曾这样说过："对数的发明以其节省劳力而延长了天文学家的寿命。"

对数在历史上曾经十分辉煌过，现在也应用在数学和科学的很多领域。恩格斯曾经把对数的发明、解析几何的建立以及微积分的发明并称为 17 世纪数学的三大成就；伽利略也曾说过："给我空间、时间和对数，我就可以创造一个宇宙。"对数传入中国后，梅文鼎也曾力赞"对数之奇""神速简易"。

Q 回到对数年龄问题上，我们可以考虑是否可以把这个概念运用到其他领域里。比如交友（同性或异性）的年龄，师生的年龄，男、女对某一事务的喜好等。年龄差的分布不仅源于人们的传统观念，更是源于生理发育的因素。这些都是值得更深入讨论的。

生活和科学中也处处有对数，比如地震级别、星辰亮度、声音强度、电子信号强度、pH、摄影中的曝光值、经济学中的复利、热力学里的熵等都是以对数定义的，看似只增加一级、一等或一分贝，实际产生的强度却增加很多。这是一个什么概念？让我们以里氏震级（Richter magnitude scale）来介绍一下。里氏震级现在已经被更为科学的方法代替。但它的结果与其他方法得到的结果接近，而且能比较形象地说明问题。

1935 年，美国加州理工学院的地震学家里克特和古腾堡一起首先制定了里氏震级。里克特为了不使结果为负，把 0 级地震定义为：地震仪在距离震中 100 km 处的观测点所记录到的最大水平位移为 1 μm 时的地震，我们把地震仪的最大水平位移称为地震波振幅。0 级地震也称为标准地震，此时的地震波振幅记为 S。其他的震级都可以通过它来定义。如果一次地震在距离震中 100 km 处的最大水平位移为 I，那么它的里氏震级可定义为 $M=\lg(I/S)$，其中，对数函数以 10 为底。据此定义，若 $I=S$，则

$$M=\lg(S/S)=\lg 1=0。$$

现在我们关心的是：里氏 8 级地震比里氏 7 级地震的强度（或释放出的能量）增加多少呢？我们分别记它们的里氏震级为 M_8 和 M_7，地震波振幅为 I_8 和 I_7。于是 $M_8=\lg(I_8/S)=8$，$M_7=\lg(I_7/S)=7$。利用对数的基本性质计算得到：

$$\lg\frac{I_8}{I_7}=\lg\frac{I_8/S}{I_7/S}=\lg\frac{I_8}{S}-\lg\frac{I_7}{S}=M_8-M_7=8-7=1。$$

把上式中的对数转换成以 10 为底的指数形式，有 $I_8/I_7=10^1=10$，于是 I_8 正好是 I_7 的 10 倍。根据经验公式，能量 E（以尔格计）与震级 M 的关系为 $\lg E-11.8=1.5M$。因此，震级每增加 1 级，释放的能量就是前一级的 $10^{1.5}$（大约 31.62）倍。以此类推，8 级地震的地震波振幅是 6 级地震的 100 倍，是 5 级地震的 1 000 倍，是 4 级地震的 10 000 倍，而 8 级地震的强度则分别近似为 6 级、5 级和 4 级地震的 1 000 倍，30 000 倍和 1 000 000 倍。

题 问：8.7 级地震比 5.8 级地震释放的能量多多少倍？

对数应用中常用的单位有分贝和奈培，分贝用于以 10 为底的对数，奈培用于以 e 为底的对数。2003 年，国际度量衡委员会曾经考虑过把对数单位纳入国际单位制中，但最后没有采纳。尽管如此，对数单位还是被广泛接受。除了以 10 和 e 为底外，有时人们也会选其他的底。比如曝光值就是以 2 为底的。我们用一些例子来帮助读者熟悉这些应用。

题 大多数游泳池中水的 pH（亦称氢离子浓度指数、酸碱值）

在 7.0 和 7.6 之间。我们用 $\mathrm{pH} = -\lg[H^+]$ 来表示，其中 H^+ 指的是溶液中氢离子的活度，请问氢离子浓度的范围是什么？

题 响度又称音响，是与声强相对应的声音大小的知觉量。假定 I_0 是最轻的可听到的声音，I 是某个我们感兴趣的声音，若它的响度为 L，那么 $L = 10\lg(I/I_0)$，单位是分贝（dB）。

表 6.1　知觉量表

来源	起飞	凿岩机	吹风机	耳语	叶动	最轻音
强度	$10^{15}I_0$	$10^{12}I_0$	10^7I_0	10^3I_0	10^2I_0	I_0
L /dB						

请把知觉量表中的响度填出来（如表 6.1）。一次摇滚音乐会达到 110 分贝（中国许多自律文明公约要求街舞的高音伴奏不能超过 60 分贝），如果把摇滚音乐会加到这个表中，应该在什么地方？

题 天文学中，一个恒星的视星等 m 与绝对星等 M 的关系是：$m - M = 5\lg(d/10)$，其中 d 是从地球到这颗恒星的距离（单位为秒差距）。请计算心宿二到地球的距离。如果心宿

图 6.8　心宿一、心宿二和心宿增四 /作者

增四距离地球 225 s 差距，请计算它的绝对星等。地球到心宿二的距离是到心宿一的多少倍？（如图 6.8，其中的数据仅供本例使用）。

顺便我们向读者推荐陶哲轩的一个演讲"测天之梯"（The Cosmic Distance Ladder）。专门介绍古代天文学家如何利用数学知识观察间接地进行天体距离的测量。欧阳顺湘博士在《数学文化》中有一个水准很高的翻译。

Ⓠ 再回到前面提到的航海问题上。读者有没有想过，如果数学用表上有错，船只会不会因此迷航呢？实际上这个问题在当时确实存在。而且到 150 多年前还有人在想，能否有某种方法使得计算不会出错？请阅读第 3 册第二章"制造一台 150 多年前设计的差分机"。

Ⓠ 那么，假如数学用表都是正确的，而且船员的计算也都正确，那就不会偏航了吗？当然不是。这里面还有一个观测误差的问题。后来六分仪和机械手表的发明才解决了这个问题（题 想想为什么）。所以对数、六分仪和机械手表是欧洲人走遍世界的关键。其中的故事也很精彩，我们不再详述。

Ⓠ 在信息论中有一个重要的概念——信息熵，它是一个衡量不确定性的量。如果一个系统里只有两种可能的情况，其概率分布分别为 p 和 q，且满足 $p+q=1$，那么这个系统的信息熵定义为

$$H = -[p\log_2 p + q\log_2 q]。$$

在经济学领域，最近陈京博士提出一个新的价值理论。他把物品的价值定义为 $-\log_b P$，其中 P 为物品的稀缺程度，P 的范围从 0 到 1，0 为极度稀缺，1 为无限丰富，b 为这个物品的生产厂家

数目。用这个对数公式，我们就可以更深刻地了解这个社会中形形色色的活动。

　　⬡题学过微积分的读者知道，对数函数和指数函数可以用泰勒级数展开。如果你还学习过矩阵理论，可以考虑一下应该如何定义一个矩阵的对数和指数。

　　与对数相关的还有对数螺线。我们在第 3 册第十二章"墓碑上的数学恋歌"里讲一个有趣的故事。

参考文献

1. 李大潜，主编，邱维元，副主编．十万个为什么（第六版，数学卷）．上海：少年儿童出版社，2013.

2. 胡作玄．近代数学史．济南：山东教育出版社，2006.

3. 陈纪修．第一张对数表是怎样制作出来的，数学之外与数学之内．上海：复旦大学出版社．

4. Lê Nguyên Hoang. Logarithms and Age Counting. http：// www. science4all. org/le-nguyen-hoang/logarithms/.

5. Larry Hardesty. What number is halfway between 1 and 9? Is it 5—or 3? http：// www. sciencedaily. com/releases/2012/10/121005123817. htm.

6. Wolfram Math World，Napierian Logarithm. http：// mathworld. wolfram. com/NapierianLogarithm. html.

7. Denis Roegel. Napier's ideal construction of the logarithms. http：// locomat. loria. fr/napier/napier1619construction. pdf.

8. The number e. http：// www-history. mcs. st-and. ac. uk/HistTopics/e. html.

9. Chen，J. The Unity of Science and Economics：A New Foundation of Economic Theory，Springer，2015.

第七章　切割糕点问题

在现实生活中，很多人喜欢吃糕点，大到专卖店、超市、商场，小到小店、路边摊，各式各样的糕点吊足人们的胃口。不知道当大家望着清香扑鼻的糕点垂涎欲滴的时候，是否想到过一些切割糕点问题呢？

1. 关于切割糕点的一些实际问题

图 7.1　月饼/作者

有一年中秋节，我就收到了一个网友发来的智力游戏"一刀切割糕点"：题 一刀将一块月饼分成大小相等的 4 块（如图 7.1）。只许切一刀，刀尖不许离饼，刀痕不许重复，但可以互相穿过。如何切？答案是：用刀划个 8 字，两个小圆半径为大圆半径的一半，故大小分别为整块月饼的 1/4，另外两块自然也就各为整块月饼的 1/4。下面是这个切法的示意图（如图 7.2）。

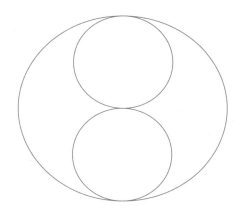

图 7.2 　切法示意图 /作者

　　当然在实际分月饼时，没有人会按照这样的切法操作。这样的题目仅仅是为了锻炼人的思维。这里还有一个题目：只可切 3 刀，把月饼切成相同大小的 8 份。怎么切？这个题相对容易一些，关键是要想到拦腰横切。

　　切割其他糕点与切月饼是一类问题，只是一般的糕点可以是方形的（6 面体）。切割糕点的题目还有很多。在一个数学部落里，曾经有人问：你在实际生活中最没想到的数学应用是什么？回答最多的就是切割糕点问题。

　　先来看一个善科问答上由"砖家"魏骁勇提出的问题。魏教授因为曾经徒手劈砖而闻名。这个问题是这样说的：题 现有巨型切糕一块和巨型切刀一把。切刀长度足以覆盖切糕区域，每次只能切一刀，而且只能让刀垂直切糕表面自顶向下切，不能拦腰横切（否则有些人吃不到表面的核桃葡萄啥的，跟你急），请问切 100 刀最多能切出多少块来？这个题目比较直接，只要考虑到每一刀都可以与前面所有刀的直线相交，从而切出那么多新块出来，答案就很清楚了。

数学家万精油随后也出了一个切糕题目：题 一个圆形切糕边上有 N 点，如果要求每一刀都必须通过 N 点中的两点，并假设这些连线没有任何 3 条共点。请问最多能切出几块？这道题有趣的地方是，当 N＝1，2，3，4，5 时，块数分别是：1，2，4，8，16。所以，很容易让人以为公式是 2^{N-1}。没想到下一个数是 31，不是 32。

如果这个题目难度不够的话，他还准备了下面一个题目：题 主人准备周末在家里请客，客人人数可能是 p 个，也可能是 q 个（p，q 互素）。他买了一个大切糕，准备先分好切糕，客人来后平均地分给所有客人。问他至少要把蛋糕切成几块（大小不一定相等），才能保证不管是来 p 人还是来 q 人，他都能平均地把蛋糕分给所有客人？

讨论这些题目的解答不是本章的目的。我们现在把话题转换一下。我们注意到，最后一题的关键在平均二字。这是前面两道题目中所缺少的。前两道题只注意了数量而忽略了质量。无论是切月饼还是切其他糕点，我们要追求的都是一个公平。数学上这就是"公平分配博弈"（Fair division）问题。

2. 公平分配问题

公平分配问题很重要，因为这涉及社会财富的公平分配，而这个问题解决不好就有可能造成社会动乱。

这个问题最早是由 3 位波兰数学家斯坦豪斯、克纳斯特和巴拿赫一起讨论，然后由斯坦豪斯在 1947 年 9 月 17 日的一次经济学家的会议上正式提出。

斯坦豪斯(1948)

我们如何公平地分蛋糕?

图 **7.3**　我们如何公平地分蛋糕 /作者

那么什么分配方法是公平的呢？我们可以说，如果一种分配方法能使得所有的人的满意程度都是一样的，那么它就是公平的。回到切割糕点问题上，如果我们的蛋糕是一个匀质的蛋糕，那么这个问题相对容易解决，只要每个客人得到的蛋糕体积一样就可以了。但如果蛋糕上还有草莓、橘子、巧克力等装饰品，而每位客人的喜好又不一样的话，而且可能其中一些人正在节食，另一些人则又特别饿，这个问题就复杂多了(如图 7.3)。

通俗地说，所谓人人满意就是说每一个人都最喜欢自己所得到的一份。但若较起真儿来，这个说法就有些含糊不清。目前严格的描述有好几种。其中一种是这样说的：每个人都不羡慕别人的一份，没有哪个人想要与另一个人交换。这样的分配方法叫作"免嫉妒分割"(envy-free division)。当只有 3 个人的时候，这个问题在 1960 年由美英两位数学家塞尔弗里奇和康威分别独立解决的。他们的方法被称为塞尔弗里奇一康威算法，中文文献里也称之为"3 人不吃亏分酒法"。下面我们来简单介绍一下这个算法。

3. 塞尔弗里奇-康威算法

当只有两个人分蛋糕的时候，方法相对简单。《非你莫属》2015 年 3 月 29 日一期的一个求职者李志晨有一个"西瓜定律"：一把刀，一个瓜，两个人，怎么分最公平？他的算法是："我来切、你来挑"。当 3 个人分的时候，情况复杂了，但其基本思想是一致的。

假设有 3 个人分一个蛋糕，我们把他们分别记为 P_1，P_2 和 P_3，他们都选择自己最喜欢的一块蛋糕，分配方案依照下面 6 个步骤执行：

（1）P_1 把蛋糕分成自认为相等的 3 块（如图 7.4）；

图 7.4　分蛋糕 1/作者

（2）我们把 P_2 认为最大的一块蛋糕记为 A；

（3）P_2 从 A 上切下一小块蛋糕（我们把它记为 A_2），使余下的部分（我们把它记为 A_1）与次大的一块蛋糕大小相等（如图 7.5）。现在，A 被分成了 A_1 和 A_2 两块，暂且把 A_2 放在一边，等到第 2 轮再分配；（这里，需要说明的是，假如 P_2 认为较大的两块蛋糕是相等的，就不用从 A 上切下一块蛋糕了，直接按照 P_3，P_2，P_1 的顺序选择蛋糕即可。）

（4）P_3 从 A_1 和另两块蛋糕中选择一块（如图 7.6）；

图 7.5　分蛋糕 2/作者

（5）如果 P_3 没有选择 A_1，那么 P_2 必须选择 A_1；

（6）P_1 选择最后一块儿蛋糕。

图 7.6　分蛋糕 3/作者

以上是第 1 轮蛋糕分配。第 2 轮蛋糕分配，就是要分刚才放到一边的那一块蛋糕 A_2。由上面的叙述可知，P_3 或 P_2 已经选择了 A_1。现在，我们把选择 A_1 的人记为 P_A，把未选择 A_1 的人记为 P_B（如图 7.7），可以按照下面 4 个步骤来完成蛋糕分配：

图 7.7　分蛋糕 4/作者

（1）P_B 把 A_2 三等分（如图 7.8）；

（2）P_A 选择 A_2 中的一块，我们把它记为 A_{21}；

（3）P_1 选择 A_2 中的一块，我们把它记为 A_{22}；

（4）P_B 选择 A_2 中的最后一块儿，我们把它记为 A_{23}（如图 7.9）。

总体来讲，蛋糕分配分为两轮，第 1 轮分配的蛋糕是没有修剪的，第 2 轮分配的蛋糕是修剪的，下面我们分别来说明它们为

图 **7.8**　分蛋糕 5 /作者

图 **7.9**　分蛋糕 6 /作者

什么都是免嫉妒分割。

先说第 1 轮没有修剪的蛋糕分配是免嫉妒分割，这是因为：

（1）P_3 是第 1 个选择的，所以他一定选择他最喜欢的；

（2）P_2 是第 2 个选择的，因为有他同等喜欢的两块，所以他一定会选择其中一块；

（3）P_1 最初把蛋糕切成相等的 3 块，其中一块儿修剪了，但是修剪的这块儿被 P_2 或 P_3 拿走了，所以现在剩下的这块儿是他同等喜欢的两块之一。

我们接着说明为什么第 2 轮的修剪蛋糕分配也是免嫉妒分割，这是因为：

（1）P_A 先选择，所以不会嫉妒；

（2）P_1 第 2 个选择，所以不会嫉妒 P_B，虽然 P_1 可能喜欢 P_A 拿走的部分，但是他完全不会嫉妒 P_A，因为是 P_1 把蛋糕进行了三等分，所以他会认为 A_1 与 A_2 的总和才是整个蛋糕的 1/3，而 P_A 即便

把 A_2 全拿走也才获得整个蛋糕的 1/3。

（3）P_B 是最初把修剪的蛋糕三等分的，所以无论剩下哪一块，他都没有理由嫉妒。

这就是塞尔弗里奇－康威算法，只适用于 3 人的免嫉妒分蛋糕问题。当有 4 个人的时候，这个问题在 20 世纪是一个难题，直到 1995 年才由美国人勃拉姆斯和艾伦·泰勒共同解决。他们得到的是一个对任意多人数的分配方法。而对于公平分配博弈问题（即每个人得到的份额依据其本人的衡量值是相等的）则更难，迟至 2006 年才取得重大进展。

4. 有争议切割糕点问题

上边讨论的是没有争议情况下的糕点切割问题。当争议存在的时候，甚至在只有两个人时，情况都变得更为复杂。这个时候往往需要一个仲裁人介入。让我们举一个简单例子：假定有甲、乙两人切割蛋糕，甲认为自己应该得到一半蛋糕，而乙认为自己应该得到全部的蛋糕。我们可以有多种"公平的"分发。比如，我们可以给每人一半（1/2，1/2）。这是不管理由，绝对平均的分发（*even split*），但显然对甲有利。我们也可以按照甲、乙两人所要求的量按比例分发（proportional split）。现在，乙要求的是甲要求的两倍数额。所以我们应该把蛋糕分为 3 份，给甲三分之一（1/3），给乙三分之二（2/3）。这样做的结果是，甲只丢掉了他所要求份额的六分之一，而乙则丢掉了他所要求份额的三分之一，还是对甲有利。还有没有别的分法呢？博弈理论里有一个"有争议总和的等分"（equal division of the contested sum）方法。这个方法是这样做的：第 1 步，先确定哪部分蛋糕是有争议的。在这个例子里，有二分之一的蛋糕是有争议的。第 2 步将有争议的蛋糕平均分成两份，然后给甲、乙两人每人一份。于是他们各得四分之一。第 3 步将没有争议的部分整个地给声称拥有这部分的一方，即乙方。于是乙方又得到二分之一蛋糕。最后的结果就是：甲、乙两人分别得到四分之一和四分之三（1/4，3/4）。用这种方法，他们在有争议的部分得到的份额是相等的。这种方法不一定比另两种方法更好。到底应该采用哪种方法往往看仲裁人的决定，而仲裁人则往往会根据社会习俗或法律规定来裁决。

用博弈理论中的"有争议总和的等分"方法，可以解释犹太教的《塔木德》（*Talmud*）中的一个奇怪的用财产还债的问题。这个问题困扰人们两千多年，直到 1985 年才被解决。

5. 更多切割糕点问题的趣题

如果读者发现上面的讨论稍微深了一点，请不要着急。这些还是现代数学家们正在研究的问题。

Q 1967 年，有人提出一个问题：如果将一个整个的意大利大饼分成顶角相同的很多份，然后由两个人轮流按顺时针吃一块。谁能吃的多呢？这个问题似乎不难，但也曾经是一个有 15 年历史的悬案。科学松鼠会的小易有深入的介绍。

Q 现在我们来换一下思路。假如你有一个蛋糕，并且你可以独自享受。你希望每天早餐时吃一块，而且每天都吃到尽可能干燥少的蛋糕。但每次切蛋糕时，新暴露在空气中的边都会发生干燥现象。那你该如何做呢？英国数学家高尔顿曾经于 1906 年 12 月 20 日在《自然》杂志上写过一篇应景文章："切蛋糕的科学方法"

(The Scientific Way to Cut a Cake)，题他会是怎样切的呢？图7.10可以给一点提示。

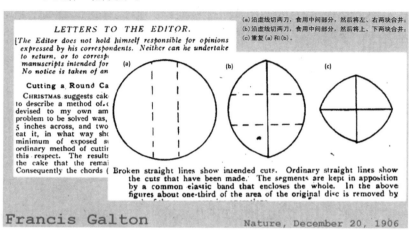

图 **7.10**   高尔顿的科学切蛋糕方法《自然》杂志

Q或者你突发奇想，要把蛋糕分成若干个大小形状都相同的部分，使得其中至少有一部分不含有蛋糕的边儿。读者要试的话，千万别在直线上钻牛角尖。顾森介绍了这个方法，能启发我们放开思路。

Q切割比萨与切割蛋糕完全类似。虽然大多数人都是从圆心开始做直线切割，但英国利物浦大学的一位数学家找到了一种方法，利用这种方法，人们能将比萨按照一种曲线来均匀地切分成12等份，而且可以按照这个方法无限地切割下去，如图7.11。谢菲尔德大学的另一位数学家甚至考虑了比萨上添加的食品，她得到了一个数学公式，能确保添加食品与比萨本身成最佳比例。

最后，数学上的平均往往是一种理想状况。在社会现实中是不存在绝对的公平的。解决社会公平需要从另一个角度来考虑。这已经不是本章要讨论的问题了。

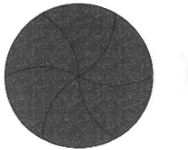

图 **7.11** 利物浦大学数学家的切割示意图 /arxiv. org

参考文献

1. L. N. Hoang，Fair Division and Cake-Cutting. http：// www. science4all. org/le-nguyen-hoang/fair-division/.

2. Math Fail. What's the better deal. http：// math-fail. com/2014/01/whats-the-better-deal. html.

3. Csaba Okrona. Cutting the pie——a philosopher's guide. https：// ochronus. com/cutting-the-pie/.

4. Francis Galton. Letter to editor，Nature，Dec. 20，1906.

5. R. Aumann，M. Maschler. Game theoretic analysis of a bankruptcy problem from the Talmud，J. of Economic Theory，1985(36)：195—213.

6. 小易. 15 年的数学难题 —— 分 Pizza. http：// songshuhui. net/archives/ 35072.

第八章　帮助美国排列国旗上的星星

星星是爱与希望的象征，所以星星图案一直饱受欢迎，并且经常登上大雅之堂，就连很多国家的国旗也少不了它的踪影，比如中国、美国、乌兹别克斯坦、委内瑞拉、埃塞俄比亚等，其中美国国旗上的星星家族最为庞大，而且多得不是一个两个，可谓群星集会。

1. 美国国旗上的星星排列问题

美国，全称为美利坚合众国，是联邦共和立宪制国家，有 50 个州，它的国旗上目前有 50 颗小星星，就分别代表这 50 个州。如果这是一成不变的事实倒也不必太费心思，问题是这 50 颗小星星是从 13 颗开始一点点增加起来的，也就是每当有新的州加入时，国旗上就增加一颗星（如图 8.1）。所以每次有新的州加入，都要考虑如何排列国旗上的星星。迄今为止，最后一个加入进来的是夏威夷。世事难料，有谁知道以后会不会还有哪个地方突然会加入进来呢？这并不是杞人忧天，第二次世界大战结束后，有些菲律宾人就曾提出加入美国联邦。2012 年 11 月有报道称，波多黎各公投，逾 6 成民众选择成为美国第 51 个州。2014 年 1 月，硅谷投资人德雷珀推出一项计划，将加州分为 6 个独立的州。所有这些信息，似乎都在预示，在未知的将来，美国真的会有不止 50 个州呢[*]。

图 **8.1** 13 州时图样之一：六角星旗、15 个州时的国旗和加州入联邦时的国旗

于是出现了一个问题，如果美国确实有了大于 50 的 N 个州，那么国旗上的星星该怎么排列呢？按照美国的宪法，一旦有新的州加入联邦，联邦政府必须在美国独立日（即 7 月 4 日）之前将国旗更新。如果提前有一个大家都能接受的排列这些星星的方案岂不更为省事。

历史上，美国的国旗上的星星的数目一直是和美国的州的数目相等。因为美国最初有 13 个州，所以从它形成的第一天起国旗上就至少有 13 颗星。最后使用的 48 星、49 星和 50 星的国旗图案分别如下图所示（如图 8.2）：

图 **8.2** 48 星旗、49 星旗和 50 星旗

2. 数学家利用程序为美国国旗排列星星

美国人威尔逊想到了未来国旗上的星星该如何排列的问题，

---

 * 由于本书是双色的，本章提供的旗子颜色不是美国国旗本身颜色。这里仅仅是示意图。

他自己没有解决，把问题抛给了数学家加里波第。加里波第不负所望，设计出一个程序（http：// img. slate. com/media/19/flag. swf），只要人们选择 N 为 100 以内的任何数字，这个程序就可以给出国旗上 N 颗星的分布图。他的做法是这样的：首先对历史上曾经在国旗上正式使用过的星星数目和进行研究，找出它们的一般格式，然后将这些格式按星星数目进行分类。他得到下面 6 个格式：

（1）长格式：每行星星数目长短交错，长的一行星星数比短行的多一个。第一行和最后一行都是长的。（例：50 星）

（2）短格式：这个格式与长格式相同，只是第一行和最后一行都是短行。

（3）交错式：这个格式与上两个格式相同，但第一行是长行，最后一行是短行。

（4）等长式：每行的星星数目都相同。（例：48 星和 49 星，49星有些变异）

（5）怀俄明式：第一行和最后一行都是长行，其他的行都是短行。这个名字是因为这个格式是由于怀俄明州的加入而第一次引入的。

（6）俄勒冈式：这个格式与等长格式相同，除了中间一行的星星数目少两个。这个名字是因为这个格式是由于俄勒冈州的加入而第一次引入的。

还有一个没有明示但似乎显然的假定：星星的布局应该是一个长和宽相差不大的矩形。显然把所有的星星都摆在一行里不太美观。于是，假定 a 是行数，b 是长的一行中星星的个数，我们可以合理地让 a 和 b 满足：$a \leqslant b \leqslant 2a$。

历史上，美国国旗的星星排列并不完全是按这 6 个格式设计的。比如加州加入联邦时的 31 星旗就很特殊，而按这个分类，它应该是一个短格式。还有一个特殊情况就是当爱荷华州加入联邦时的 29 颗星，它不能被归到上面任何一种格式中。

给定 $1\leqslant N\leqslant 100$，只要 $N\neq 29$、69 和 87，我们就可以至少给出一个格式来。读者可以试着证明，当 $N=29$ 时，上面的 6 个格式都不能符合要求。不知道为什么美国人没有定义出一个爱荷华式来。

Q 假如我们好奇，用这个程序，当像中国的国旗一样有 5 颗星时它会是怎样分布的呢？下面就是用这个程序选择 5 颗星所产生的星条旗（如图 8.3）。

图 8.3　一组不同布局的五星旗

可以看到，威尔逊在程序里设计了好几个方案，唯独没有让一堆小星星围绕一颗大星星。事实上，历史上最初也确实有过这样的设计方案，但坚持平等理念的美国人没有采纳。美国宪法对这些星星的尺寸有严格的规定：如果国旗的高度是 1 的话，那么每个星星的外切圆的直径是 0.061 6，即每个红白条的 4/5，而每个红白条的宽度是 1/13，近似为 0.076 9。因为美国人认为，每个州都是平等的，每个政党也是平等的，每个人更是平等的，所以小星星不应该有大小不同、颜色区别和位置的特殊性。这倒也好，否则能随意发挥想象的话，这个程序就很难写了。其实在东部 13 个州成立联邦的时候，曾有人设计了一个把一颗星星放在中间的图案，但没有被采纳，被接受的是 13 颗星星形成的一个圆圈的图案（如图 8.4）。传说是一个叫罗斯的女子在获得了总统乔治·华盛顿的亲自授权后缝制的。这个故事无法证实，但如果读者到费城的话可以看到罗斯的房子(需买门票)。

图 8.4　三种 13 星旗

　　阿拉斯加的州旗是一个例外。它是一面蓝底旗，上有北斗七星及北极星组成的 8 颗金星。阿拉斯加的州歌解释了其中的意义。这面旗帜设计于 1927 年，设计者是一名仅有 13 岁的当地原住民儿童，名叫本森，他在当时一次初中、高中生参加的为阿拉斯加地区设计旗帜的比赛中获选(当时阿拉斯加还没有成为美国的一个州)。他在参赛说明中写道：蓝色代表阿拉斯加的天空和一种阿拉斯加的小花"毋忘我"(forget-me-not，现在的州花)。选择北极星是因为阿拉斯加将来成为合众国的一个最北面的州。北斗七星是大熊座(Great Bear)的一部分，象征着力量。

3. 问题的数学推广

　　这个问题到这里还没有结束。我们看到，在 100 以内已经有 3 个数目是不能由这个程序自动产生星星分布的。那么 200 以内呢？1 千以内，1 万以内呢？一般地，当上限充分大的时候会是什么结果呢？伊利诺伊大学厄巴纳－香槟分校的两个研究生考虑了这个问题，并得到了一个有些不可思议的结果：当数目充分大时，能排列好的数目越来越少。具体地说，若 $S(N) = \#\{$所有能按照上述 6 种形式之一排列的星星个数 n，$n \leqslant N$ }，则 $S(50) = 49$，$S(100) = 97$。他们证明了

$$\lim_{N \to \infty} \frac{S(N)}{N} = 0。$$

直觉上，我们当然可以想象，当 N 越来越大时，会出现越来越多的 n 使得现有的 6 个格式不能满足需要。上面的怀俄明格式和俄勒冈格式就是因为这个原因加进来的。比较令人意外的是，当 N 越来越大时，我们要增加的格式会迅速增加。

Q 更令人意想不到的是，这个问题与我们熟知的乘法表有关。数学上的这种关联正是数学的美妙之处。数学家们常常用他山之石来攻破难题。费马大定理的证明就是一个漂亮的例子。鉴于这种思维方法的重要性，我们再稍微说一说上面这个星条旗问题是如何解决的。先来看一看下面的表，这是一个 10×10 的乘法表（如表 8.1）。

表 8.1

X	1	2	3	4	5	6	7	8	9	10
1	1	2	3	4	5	6	7	8	9	10
2	2	4	6	8	10	12	14	16	18	20
3	3	6	9	12	15	18	21	24	27	30
4	4	8	12	16	20	24	28	32	36	40
5	5	10	15	20	25	30	35	40	45	50
6	6	12	18	24	30	36	42	48	54	60
7	7	14	21	28	35	42	49	56	63	70
8	8	16	24	32	40	48	56	64	72	80
9	9	18	27	36	45	54	63	72	81	90
10	10	20	30	40	50	60	70	80	90	100

在这个表中有很多重复的数字。我们从上到下一行行看下来，把已经出现过的乘积都删除掉，就得到下面的表（如表 8.2）。（注意这个思想有点像我们在谈"埃拉托塞尼筛法"时寻找素数的方法。）

表 8.2

X	1	2	3	4	5	6	7	8	9	10
1	1	2	3	4	5	6	7	8	9	10
2						12	14	16	18	20
3					15		21	24	27	30
4							28	32	36	40
5					25		35		45	50
6							42	48	54	60
7							49	56	63	70
8								64	72	80
9									81	90
10										100

1955 年，数学家埃尔特希提出了一个问题：当乘法表充分大时，即当 N 趋于无穷时，$A(N) = \# \{n \leqslant N : n = m_1 m_2, m_1 \leqslant \sqrt{N}, m_2 \leqslant \sqrt{N}\}$ 的变化趋势是什么？埃尔特希证明了乘法表中左上方 $[\sqrt{N}] \times [\sqrt{N}]$ 的非空白格越来越少：

$$\lim_{N \to \infty} \frac{A(N)}{N} = 0。$$

伊利诺伊大学的两位学生就是利用这个结果，经过细致的分析发现 $S(N) \leqslant 6A(N)$，从而结论正确。

[Q] 有兴趣的读者也不妨考虑，[题] 如果允许增加新的格式（就像怀俄明式和俄勒冈式那样），那么总的格式数目应该是个什么变化趋势呢？下一个可能遇到的 N 是 69。可以用 8，7，8，8，7，8，8，7，8 的格式，因为它们的和是 69。显然这是一个周期性的格式。如果我们把它作为第 7 个格式，并定义 $S^*(N) = \#\{$所有能按照上述 7 种形式之一排列的星星个数 n，$n \leqslant N\}$，那么一定有

$$\lim_{N \to \infty} \frac{S^*(N)}{N} = 0.$$

不过，我们还是多考虑数学问题，不再多为美国人劳神费心。

[Q] 美国国旗上有 50 颗五角星，居使用五角星的国旗之最。徐传胜教授认为，"五角星是个奇妙、美丽的图形，因而备受世人青睐，致使现有多个国家的国旗都镶嵌着五角星。"作为题外话，读者有没有想过，为什么是五角星呢？从数学上来说，人们青睐（正）五角星其实还有更深层的原因。我们把平面上一个 n 角星称为"正 n 角星"，如果它满足下述条件：

（1）n 条线段 P_1P_2，P_2P_3，$\cdots$，P_nP_1 相交成一个 n 角形；

（2）任意三顶点不共线；

（3）这 n 条线段中的任一条至少与其他线段中的某一条有一个公共内点；

（4）点 P_1，P_2，$\cdots$，P_n 处的角相等；

（5）在每个顶点处，P_1P_2，P_2P_3，$\cdots$，P_nP_1 的轨迹以小于 180°的角沿逆时针方向运行。

在这样的定义下，可以证明，没有正三角星、正四角星和正六角星；所有的正五角星都相似；但是有两个互不相似的正七角星，一个正八角星，两个互不相似的正九角星（如图 8.5）。

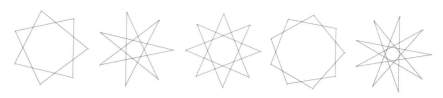

图 **8.5**　正七、八、九角星

相比之下，正五角星不但存在、唯一而且简洁明快。有些国家也使用了其他 n 角星，但不符合正 n 角星的定义。

Q 读到这里，请问你有没有想过，我们也可以问一句（而且真的应该想到问一句），如果我们记 $N(n)$ 为不相似的正 n 角形的个数，那么应该具有什么性质？或者说，当 n 越来越大的时候，$N(n)$ 应该具有什么趋势？

题 正五角星上有许多对线段可以成黄金分割的比例。你能找出多少对？

本章图片均来自维基百科。

参考文献

1. Chris Wilson. 13 Stripes and 51 Stars，Slate，2010 年 6 月 9 日.

2. P. Erdös. Some remarks on number theory，Riveon Lematematika，1955
   （9）：45－48.

3. D. Koukoulopoulos，J. Thie，Arrangements of Stars on the American Flag，
   Monthly，June/July 2012.

4. 徐传胜. 美丽五星和漂亮国旗. http：// blog. sciencenet. cn/blog-542302-
   786087. html.

第九章　美妙的几何魔法
——高立多边形与高立多面体

　　古希腊柏拉图学院的门上有一句名言：不懂几何者不得入内。不但自古以来几何就有着独特的地位，而且几何的美是浑然天成的，不管是随风飘动的枝条还是静谧安然的山峦，不管是天空中流动的白云，还是海洋中漾起的波澜，都可以归宿于形象的几何。

　　于是，人们常常津津乐道于构造出新的几何图形，把几何的构造当成一种使命，也作为一种乐趣，抑或是与大自然亲密耳语的一种姿态。

　　近年来，除了传统的几何图形之外，两种新的几何图形的构造引起数学家们的注意。一种是塞洛斯创造的平面几何图形 golygon，因杜特尼 1990 年在《科学美国人》（*Scientific American*）专栏上的普及广为人知（我们在第十五章"需要交换礼物的加德纳会议"里介绍这个专栏）。另一种是欧洛克新近创造的立体几何图形 golyhedron。

　　它们的奇妙在哪里呢？简洁地讲，就是顶角都是直角，且边长或表面积成某种数列的多边形或多面体。目前国内还未见有它们的中文译名，我们姑且取其谐音，把它们称为高立多边形与高立多面体。下面就请跟随我们一起来欣赏它们的奇思特想和构造之美吧。

1. 高立多边形

我们不妨先从较为简单的（自然）高立多边形谈起。一个（自然）高立多边形相当于一个格多边形（lattice polygon），它的各个角都是直角，不能自相交，也不能走回头路，且边长必须是连续的整数$\{1, 2, 3, \cdots, n\}$。按照这个定义，我们所知的最简单的高立多边形就是这个有点像手枪的 8 边形（octagon）（如图 9.1）：

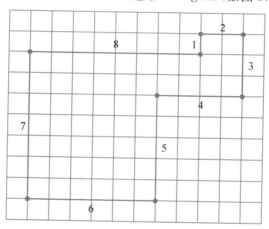

图 **9.1**　8 边高立多边形/古彻

为了方便后面的讨论，我们把这个多边形用$\{$1N 2E 3S 4W 5S 6W 7N 8E$\}$来表示，其中的英文字母 E，S，W，N 分别代表东、南、西、北 4 个走向。

注意　边长是按照顺时针$\{1, 2, 3, 4, 5, 6, 7, 8\}$的次序排列的。有意思的是，当我们把它平铺在平面上，然后把另一个相同的 8 边形旋转 $180°$，它们能够完全嵌合在一起。如果有多个这种 8 边形，那么它们的嵌合具有周期性的规律，最终可以形成一个相互嵌合的平面(如图 9.2)。

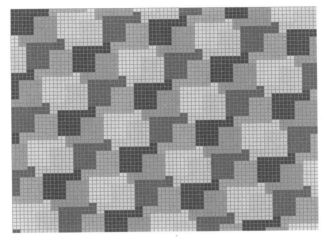

图 **9.2**　8 边高立多边形的镶嵌 /古彻

　　大家对这幅图是否有些眼熟呢？是不是很像婴幼儿喜欢玩儿的拼图游戏呢？不知道市场上是否有了这种图案的拼图，如果还没有的话，生产商就有新的拼图方案了，消费者也会有新的选择。

　　这是题外，下面我们接着来谈高立多边形。显然，对于所有的自然数 n，不是都能做出一个高立多边形。以 $n=4$ 为例。我们不妨假定第 1 步是向上走，那么第 2 步就必须是向左或向右。我们假定它是向左。这时第 3 步必须向上或向下。无论向上还是向下，我们看到第 4 条线都无法回到初始点(如图 9.3)。

　　事实上，我们前面构造出的高立多边形是最简单的一个。我们自然会问，在什么条件下我们可以得到一个高立多边形呢？更一般地，在什么条件下至少存在一个高立多边形呢？首先，n 必须是偶数，因为这些折线必须在横向和纵向上交替进行。一个必要条件是，它的边长数(偶数)n 必须是下面方程组的解：

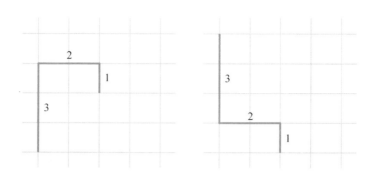

图 **9.3**　无法成为高立多边形情形的示意图 /作者

$$\pm 1 \pm 3 \pm 5 \pm \cdots \pm (n-1) = 0,$$
$$\pm 2 \pm 4 \pm 6 \pm \cdots \pm n = 0。$$

这是因为第 1，3，5，… 条边都同时是横向或同时是纵向；第 2，4，6，… 条边都同时是纵向或同时是横向，而它们都必须回到原点。注意这里方程中的未知变量是加减号 $\pm$。在上面 $n=4$ 的例子中，这组方程变成了

$$\pm 1 \pm 3 = 0,$$
$$\pm 2 \pm 4 = 0。$$

显然，无论我们如何选择加号或减号，都不能使它们成立。同理，$n=6$ 时它们也不可能成立。注意这个条件不是充分的，因为它包含了自相交和回头路的情况。如果禁止自相交，问题会更困难，因为我们还需要计算一个有特殊性质的自回避行走（self-avoiding walks）。

加德纳给出了另一个必要条件：偶数 n 必须具有 $n=8k$ 的形式，其中 k 是一个自然数。为什么呢？我们已经知道，n 必为偶数，还应注意到 $2+4+6+\cdots+n$ 应为 4 的倍数，以便能够将它划分为两个偶数组的和。这是因为其中第一组偶数代表着向一个方

向行走的方向，另一组偶数代表着向相反方向行走的方向。在上面 $n=8$ 的例子中，2 和 8 在一组里，4 和 6 则在另一组里。下一步，我们通过偶数项的和来说明 n 必须被 8 整除或者余数为 6。据等差数列求和公式，可知 $2+4+6+\cdots+n=(n/2)(n/2+1)$。注意，前面已经说过 $2+4+6+\cdots+n$ 能被 4 整除，因此 $n/2 \equiv 0$（mod 4）或 $(n/2+1) \equiv 0$（mod 4），即 $n/2 \equiv 0$（mod 4）或 $n/2 \equiv 3$（mod 4），这意味着 $n \equiv 0$（mod 8）或 $n \equiv 6$（mod 8）。再来看奇数项的和 $1+3+5+\cdots+(n-1)$，它应为偶数，以便能够将它划分为两个奇数组的和。据等差数列求和公式，可知 $1+3+5+\cdots+(n-1)=(n/2)(n/2)$，因此 $n/2 \equiv 0$（mod 2），即 $n \equiv 0$（mod 4），这意味着 $n \equiv 0$（mod 8）或 $n \equiv 4$（mod 8）。综合以上结果，可知

$$n \equiv 0（\text{mod } 8），\text{即 } n=8k。$$

显然，只要存在一个高立多边形，就至少存在 4 个，因为第 1 条边按东、南、西、北 4 个方向出发就产生出 4 个高立多边形。它们是全等的。但是为了讨论方便，让我们暂时把它们算作 4 个不同的高立多边形。我们现在给出 n 边高立多边形的个数（记住，n 是 8 的倍数）。记下面两个多项式：

$$p_1(x) = \prod_{i=1,3,\cdots}^{n-1}(x^i+1) = (x+1)(x^3+1)\cdots(x^{n-1}+1),$$

$$p_2(x) = \prod_{i=1}^{n/2}(x^i+1) = (x+1)(x^2+1)\cdots(x^{n/2}+1)。$$

记 $p_1(x)$ 的展开式中 $x^{n^2/8}$ 的系数为 k_1，$p_2(x)$ 的展开式中 $x^{n(n/2+1)/8}$ 的系数为 k_2。那么 n 边高立多边形的个数为 $k_1 \times k_2$（其中 $n=8k$）。利用这个结果，我们可以得到下面的表格（如表 9.1）：

表 9.1 高立多边形的个数

k	n 边高立多边形的个数 N	$N/4$
1	4	1
2	112	28
3	8432	2108
4	909228	227322
5	121106960	30276740
6	18167084064	4541771016
7	2956370702688	739092675672
8	510696155882492	127674038970623

这个结果是斯隆得到的。1991 年，塞洛斯和瓦迪等人得到了一个
渐进公式：

$$N(n) \sim \frac{3 \cdot 2^{8n-4}}{\pi n^2 (4n+1)}。$$

这是一条呈指数增长的曲线。注意这里居然出现了 π。回到 $n=8$
的例子，我们有，

$$p_1(x) = (x+1)(x^3+1)(x^5+1)(x^7+1)$$
$$= x^{16} + x^{15} + x^{13} + x^{12} + x^{11} + x^{10} + x^9 + 2x^8 + x^7 +$$
$$x^6 + x^5 + x^4 + x^3 + x + 1,$$
$$p_2(x) = (x+1)(x^2+1)(x^3+1)(x^4+1)$$
$$= x^{10} + x^9 + x^8 + 2x^7 + 2x^6 + 2x^5 + 2x^4 + 2x^3 + x^2 + x + 1,$$

我们分别取 $p_1(x)$ 中 x^8 的系数 $k_1 = 2$ 和 $p_2(x)$ 中 x^5 的系数 $k_2 = 2$，
得到 8 边高立多边形的个数为 4。因为这 4 个高立多边形是全等
的，我们得出结论：8 边高立多边形在全等的意义下只有一个。

再看 $n=16$ 的时候。我们知道，应该有 28 个不全等的高立多

边形。下面是其中 3 个例子(如图 9.4)：

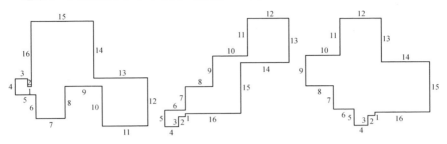

图 **9.4**　$n=16$ 时的高立多边形 /菲奥伦蒂尼

塞洛斯等人已经找到了全部 28 个。对于 $n=32$ 的情形，我们只给一个例子(如图 9.5)：

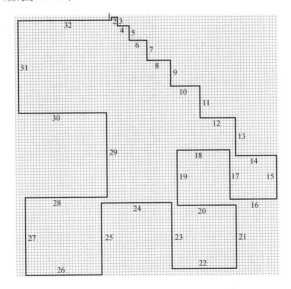

图 **9.5**　$n=32$ 时的高立多边形 /fdecomite

Q高立多边形的边可以不是以自然数为序。如果一个高立多边形的边长为奇素数的话，我们称之为素数高立多边形(想一想，

🔷我们能够允许 2 作为一个边长包括在内吗?)。这也是《科学美国人》里就已提到的。如果允许以 1 开始,我们可以得到下面的高立多边形{1N 3E 5N 7W 11N 13W 17N 19E 23N 29W 31N 37E 41S 43E 47S 53W}(如图 9.6):

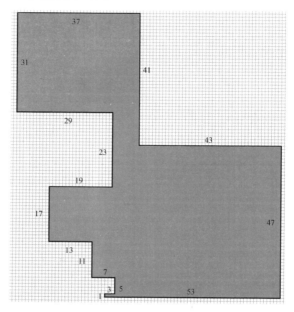

图 **9.6**   (几乎)素数高立多边形/作者

注意   从第 2 位的 3 到第 16 位的 53 是连续素数。可以验证,{1N 3E 5S 7W 11S 13W 17N 19E 23N 29W 31S 37E 41S 43E 47N 53W}也可以构成一个高立多边形。不过,这两个例子都有一个缺点:它们都以 1 开始,因而不是真正的素数高立多边形。下面是一个不以 1 开始的真正的素数高立多边形{29N 31E 41S 43W 59S 61W 71N 73E}(如图 9.7):

读者可以自行🔷验证:{3N 5E 11N 13E 17N 19E 31S 37W}

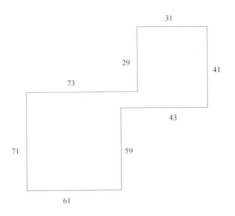

图 **9.7** 真正的素数高立多边形/作者

也是一个素数高立多边形。{17N 19E 29S 31W 59S 61W 71N 73E}
是一个孪生素数高立多边形。

Ⓠ 上述高立多边形都是由平面折线构成。其实我们也可以把
折线推广到三维空间里去。类似于二维的高立多边形，我们采用
如下的定义：三维空间里高立多边形是满足下述 4 个条件的折线：

（1）每条边与前一条边垂直；

（2）整条折线是封闭的；

（3）没有一条边穿过或接触到另一条边（除了起点和终点外）；

（4）折线延伸的顺序必须是按照 $X \to Y \to Z \to X \to Y \to Z \to \cdots$ 的次
序。

其中的第 4 条是二维情形中 $X \to Y \to X \to Y \to \cdots$ 的模式的自然
推广。下面是一个三维空间中的素数高立多边形（如图 9.8）：

Ⓠ 我们也可以考虑其他非正方形网格上的（三角形走向）的类
高立多边形。看下面的正三角形网格（如图 9.9）：

我们规定，从一个顶点出发每次变换方向或为 $60°$ 或为 $120°$。

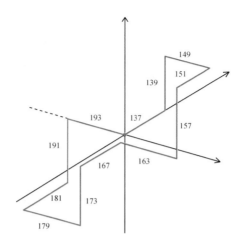

图 **9.8**   3 维素数高立多边形 /作者

图 **9.9**   正三角形网格 /作者

下面是塞洛斯给出的一个例子(如图 9.10)：

Ｑ 还有一个推广方法是"完美正方形"。1907 年，帕金斯夫人

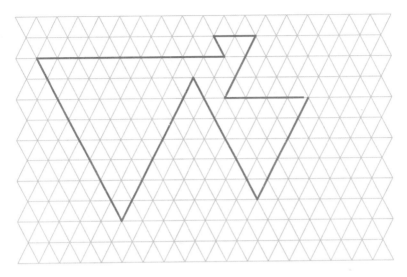

图 **9.10**　正三角形网格的类高立多边形 /作者

收到一件圣诞礼物：由 169 个方布片拼成的正方形的被单。因此
这个问题也称为"帕金斯夫人的被单"（ Mrs. Perkin's quilt）。这样
的被单并不是太难。我们一般假定所有的小正方形的边长都不一
样。下面是一个例子（如图 9.11）：

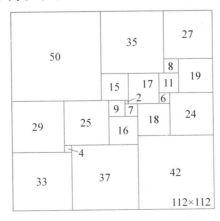

图 **9.11**　最小完美正方形 /维基百科

题 我们在定义高立多边形的时候，有一点没有明确说明，但其实我们做了假设：当最后一条线段回到出发点时，它与出发时的线段也是垂直的。如果没有这个假定，那么最少的 n 边形中的 n 是多少？

题 小妮正在学习开车。她还只能右转弯，不会左转弯。如果她需要从 A 点开到 B 点（如图 9.12），请问最少需要转弯几次？读者还可以考虑增加道路施工和单行道等更复杂的情况。

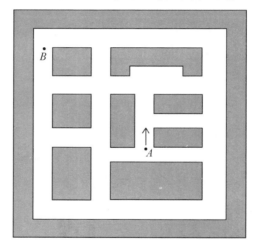

图 **9.12**　道路交通图 /作者

题 图 9.13 是一条从原点出发，经过每一个整点的"螺旋线"。每一个小箭头都是一个单位。请问它到达 $(5，3)$ 时一共有多长？

题 将矩形 $ABCD$ 切成两片，成两个 6 边形，使得它们可以被拼成一个正方形（如图 9.14）。求 y 的值。

题 高立多边形曾经被当作美国高中软件竞赛的试题。你能写出一个这样的程序来吗？

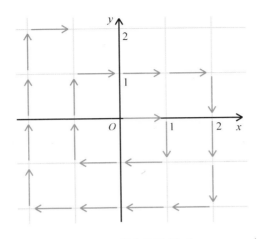

图 **9.13** 螺旋线图 /作者

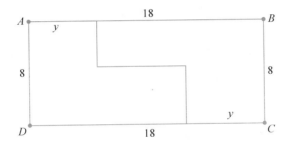

图 **9.14** 矩形分割图

2. 高立多面体

有了高立多边形，我们自然会想到，是否存在高立多面体？答案是肯定的。它其实是高立多边形在三维空间上的推广。数学家欧洛克给出了高立多面体（简记为 P）的严格定义。下面我们谈一谈他的定义。

他在给出明确定义之前，先给出了一些需要满足的正则条件

（regularity conditions）：

（1）P 的所有顶点都属于三维整数格；

（2）P 的所有边都平行于坐标轴；

（3）P 的所有面是单连通的；

（4）边界∂P 在拓扑意义上是一个球面。

需要说明的是，在数学家的眼里，如果一个形状可以连续地变形到另一个形状，那么这两个形状是"同胚"的。从这个意义上说，立方体和球面是同胚和等价的，而圆环和球面就既不同胚，也不等价，这是因为圆环里有一个洞，它是不能连续地变形成为球面的（如图 9.15）。

图 9.15　同胚和不同胚的例子/作者

与球面同胚的形状都是单连通的，就是说它上面的任意一条封闭曲线都可以连续地收缩到一个点上，而在圆环上，则很容易画出一条不能收缩到一个点的封闭的曲线来。如果读者没有学过"同胚"的概念也没有关系，因为这不影响下面的讨论。

什么是正则条件呢？简洁地讲，就是只关注那些具有很好特性的对象。比如，在微分几何中，把表面看作是连续可微的；在复分析中，主要考虑在复平面（或一些其他的黎曼曲面）的开子集全纯函数。

除了要满足正则条件之外，他提出还要满足另一个条件，即 P 的面积序列要从 P 的各个面的面积列表中选择。

此外，在给出定义之前，他还给出一个简单的例子（如图

9.16）：

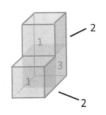

图 **9.16**　简单例子 /作者

　　在这个例子里，它有 4 个面的面积是 1，两个面的面积是 2，两个面的面积是 3。让我们回想一下，在高立多边形的定义中，关键是多边形的边长成一定规律地增长。而在三维空间里，表面积是边长的自然推广。那么有没有可能做出一个多面体，使得它有一个面的面积是 1，一个面的面积是 2，以此类推。

　　有了这些准备，对高立多面体的定义就万事俱备只欠东风了。欧洛克按照上面一系列的思想，最终给出了高立多面体的定义：

　　对于一个多面体 P，它若遵守上面的 4 个正则条件，且对某个 n，存在面积序列 $\{1, 2, 3, \cdots, n\}$，则称 P 为高立多面体。

　　有了高立多面体的定义，就相当于有了判断一个图形是否是高立多面体的依据。接下来，就是如何构造这样一个多面体的问题。欧洛克经过一番努力以失败告终，没有成功构造出高立多面体。于是，他开始对这种立体的存在性提出了质疑。他认为高立多面体的思想与独角兽的思想类似，也许只存在于想象中，在现实中并不存在。但是他又不能完全确定高立多面体不存在，所以他在 2014 年 4 月 28 日把其高立多面体的思想分享在 MathOver-flow 上，以期更多的人参与进来，找到问题的答案。

　　可喜的是，他很快就有了想要的效果。古彻（参加过 2011 年国际奥数的英国选手）看到他的这个思想后，表现出了浓厚的兴趣，决定一试身手，自己构造一个高立多面体。令人兴奋的是，对于这个欧洛克一筹莫展的问题，古彻仅仅在两天之后就成功突破，构造出了一个高立多面体。

古彻把这个高立多面体的构造过程公布在他的博文里。因为这个概念非常新，而且对它的研究还处于很初级的阶段，所以我们一起来看看他是怎样思考和构造的。

幸运的古彻其实是受到了爱泼斯坦的正交多面体的启发，产生了灵感。

图 9.17 是一个有 24 个顶点 36 条边的顶点传递 3-正则图（vertex-transitive 3-regular graph）。它已经被巴西艺术家制作成了艺术品"空立方"（Emptied Cube）。爱泼斯坦主要关注这个多面体的结构。古彻则更关心它的面，它共有 12 个面，都是 L-形。这些面按上下、左右和前后成对出现，有 6 个面的面积为 3；6 个面的面

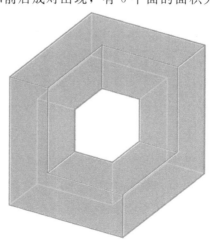

图 **9.17**　正交多面体/爱泼斯坦

积为 5。每对面积的差为 2。古彻认为，这种环形的多面体显然不是高立多面体，因为它的表面在拓扑意义上不是一个球。但是虽然它距离高立多面体的构造还远，却似乎给人带来一线希望，也许可以用一个类似的局部结构来认识高立多面体。于是，他成功地设想出下面的这个结构图形（如图 9.18）：

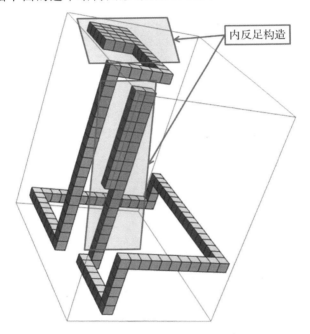

图 **9.18**　有内反足构造的一个 32 面高立多面体/古彻

　　实际上，这就是一个高立多面体。这个多面体是单连通的，并且它原则上是由单位立方体组成的一个曲折的长链构成的。看起来有些像鲁比克所发明的魔尺（Rubik's Twist）的味道。不过，我们知道魔尺是由一些相等的三角立方块组成的，二者只是形似而已，但是所展现出的几何的奇妙和魔力却是异曲同工的。

这个高立多面体的构造方法与爱泼斯坦构造环形多面体的方法一样，以一组成对出现的面积相差为 2 的 *L*-形面结束。若简单地截断链的末端，会得到两个面积为 1 的面。因此，他在两个末端都用内反足（club-foot）来构造。

他先构造出这两个内反足，然后尝试用一个链将它们连起来，从而得到整个几何图形。从下面的内反足开始，第 1 个长条只有两个方块，第 2 个长条有 8 个方块，这两个长条共享一个方块并形成一个 *L*-形。依此类推，一共有 10 个长条。注意，在中间连接的地方，相对的两两 *L*-形面积相差为 2。需要内反足没有用到的面来分成一些这样的对子。遵守这些规则，他发现了下面图示的这种可能的序列：

图 **9.19**   序列图/古彻

其中，14 个蓝色数字代表的是那些被内反足覆盖住的面。余下的 18 个黑色数字代表的则是可以互相匹配的 9 对面构成的 *L*-形链条。

它的中间有 10 个长条，连接着两个内反足。若用 n 来表示一个长条中的立方体的个数，则定义其边长为 $n-1$。第 1 个长条的边长为 1，第 2 个长条的边长为 7。它们形成两个 *L*-形，上面的面积是 7，下面的面积是 9。一般地，假定两个相连的长条边长分别为 n 和 m，它们所产生的 *L*-形的面积为 $n+m+1$ 和 $n+m-1$。两个面积的平均值是 $n+m$。记这 10 个长条的边长为 $\{1, a, b, c, d, e, f, g, h, 5\}$。这 10 个长条形成 9 条 *L*-形链，从图 9.19 可以看到，我们需要的 9 个平均值为 $\{8, 12, 15, 16, 19, 22, 23, 26, 27\}$。因此，得到下列 9 个方程：

$$1 + a = x_1,$$

$$a + b = x_2,$$

$$b + c = x_3,$$

$$c + d = x_4,$$

$$d + e = x_5,$$

$$e + f = x_6,$$

$$f + g = x_7,$$

$$g + h = x_8,$$

$$h + 5 = x_9。$$

这里，所有的变量都是正整数，且$\{x_1, x_2, \cdots, x_9\}$（以某种顺序）是$\{8, 12, 15, 16, 19, 22, 23, 26, 27\}$，$x_1, x_2, \cdots, x_9$用$x_i(i = 1, 2, \cdots, 9)$来表示，用奇数序号的$x_i$减去偶数序号的$x_i$，得到：

$$x_1 - x_2 + x_3 - x_4 + x_5 - x_6 + x_7 - x_8 + x_9 = 6.$$

当然，x_i的和与$\{8, 12, 15, 16, 19, 22, 23, 26, 27\}$（每一对的平均值）的和相等，即都为168，我们得到另一个线性方程：

$$x_1 + x_2 + x_3 + x_4 + x_5 + x_6 + x_7 + x_8 + x_9 = 168.$$

通过计算，可以得到下面两个简单的方程：

$$x_1 + x_3 + x_5 + x_7 + x_9 = 87,$$

$$x_2 + x_4 + x_6 + x_8 = 81.$$

这两个方程有很多组解，其中一组解是$\{8, 15, 19, 22, 23\}$和$\{12, 16, 26, 27\}$。下面需要对每一部分中的元素重新进行排序，使其满足下面两个条件：

(1)$a, b, \cdots, h$都为正数；

(2)得到的多面体不自相交。

经过验证，对于x_i，其顺序可以为8，12，15，26，19，16，22，

27，23，由上面的方程组可得，边长$(a，b，\cdots，h) = (7，5，10，$
$16，3，13，9，18)$。由此构造出下面的多面体图形(如图 9.20)。

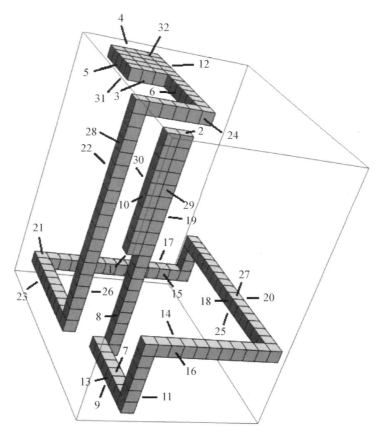

图 **9.20** 古彻的 32 面高立多面体／古彻

这是一个有 32 面的高立多面体。这只是古彻的一个思路。他
其实经过了很多各种各样的调试才得到这组解。这里面也有几分
运气。

有了 32 面的高立多面体，这个问题并没有就此结束。新的问

题随之产生，这是最小的高立多面体吗？如果不是，那么可能存在的最小的高立多面体是多少面的呢？

Q 在上面的讨论中，读者可能有一个疑问：既然内反足是为了避免得到两个面积为 1 的面，为什么他会做出两个内反足结构而不是一个呢？如果你能有这个疑问的话，那么你就有希望成功降低 n。事实上，这确实是古彻束缚自己思维的地方。另一个地方是他的 L-形结构。为什么必须是 L-形结构呢？答案是否定的。

似乎，一旦完成了突破性的构造后，后面的构造就有点势如破竹了。几天后的 5 月 9 日，尼格恩宣布，他发现了一个 15 面的高立多面体（如图 9.21）：

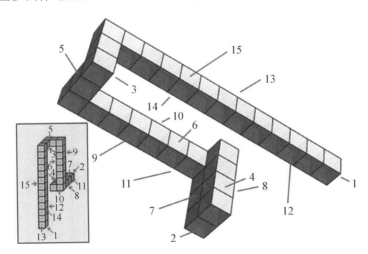

图 **9.21** 15 面高立多面体/尼格恩，古彻

我们看到，尼格恩只使用了一个内反足结构，而且他还使用了一字形和 U 字形结构。放开思路是他成功的关键。5 月 23 日，尼格恩又宣布，他发现了一个下面的 12 面高立多面体（如图 9.22）。

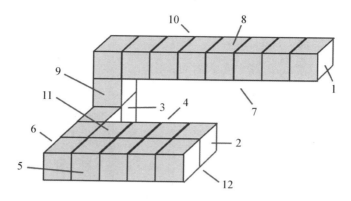

图 **9.22** 12 面高立多面体 /作者

15 和 12 面高立多面体的共同特点是：

（1）面积 1 都在一字结构的顶端；

（2）和面积 1 相邻的 4 个面是连续的 4 个数；

（3）面积 2 都在内反足顶端；

（4）面积 3 在一字结构的连接处。

6 月 16 日，尼格恩又成功构造出了一个 11 面高立多面体（如图 9.23）。

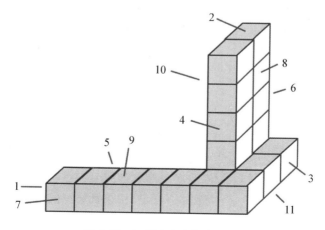

图 **9.23** 11 面高立多面体 /作者

对高立多面体，人们的讨论还只限于简单的构造。除了上面给出的 32，15，12 和 11 面的例子，还发现了一个 19 面的高立多面体。人们对高立多面体的了解还很少，还不及对高立多边形的了解。更多的结构和性质有待发现。一如对高立多边形的讨论，我们也可以对高立多面体提出一些变形的问题，比如面积为素数。但这方面的问题超出了一般读者所能接受的范围。

事实上，11 面已经是最小的高立多面体了，因为 n 必须大于 10 而且具有 $4k$ 或者 $4k+3$ 的形式，而这些数是：

$11，12，15，16，19，20，23，24，27，28，31，32，35，\cdots$。

让我们先证明 $n \neq 9$ 和 10。这是因为，第一，容易看出，高立多面体的表面积必须是偶数。第二，根据高立多面体的定义，它的表面积为 $1+2+\cdots+n=n(n+1)/2$。由此知道 n 必须具有 $4k$ 或 $4k+3$ 的形式，这里 k 是一个正整数。显然 $n=9$ 和 $n=10$ 不满足这个条件。

再来看 $n=7$ 和 $n=8$ 的情况。让我们把一个高立多面体放入到一个 $Oxyz$ 直角坐标系中，使得它的每一个面都平行于 xOy，yOz，zOx 平面之一。在那些平行于 xOy 平面的面中，有一些是朝上的，有一些是朝下的。那么，朝上的那些面的面积的总和等于朝下的那些面的面积的总和。于是，至少 3 个面是平行于 xOy 平面的。否则如果只有两个的话，那么它们的面积相等，这与高立多面体的定义不符。对 yOz 和 zOx 方向可以同理讨论。所以这个高立多面体至少有 11 个面。

Ⓠ 现在回到 15 面高立多面体上，古彻发现，它的 15 个面可以原封不动地嵌入一个 8×15 的矩形中（如图 9.24）。我们对 11 面的高立多面体也找到了这样的拼图（6×11 矩形）方法。于是人们一

定会好奇，题这是巧合吗？还是有某种共性？

14	14	**13**	2	2	15	15	15
14	12	13	11	11	11	11	15
14	12	13	9	9	9	11	15
14	12	13	9	8	8	11	15
14	12	13	9	8	8	11	15
14	12	13	9	8	8	11	15
14	12	13	9	8	8	11	15
14	12	13	9	7	7	11	15
14	12	13	9	7	7	11	15
14	12	13	1	7	7	4	15
14	12	13	5	7	3	4	15
14	12	13	5	3	3	4	15
14	12	13	5	5	5	4	15
10	6	6	6	6	6	6	10
10	10	10	10	10	10	10	10

10	10	10	10	10	7
10	10	10	10	10	7
9	9	9	2	5	7
6	6	9	2	5	7
11	6	9	3	5	7
11	6	9	3	5	7
11	6	9	3	5	7
11	6	9	8	8	4
11	1	9	8	8	4
11	11	11	8	8	4
11	11	11	8	8	4

图 **9.24**　高立多面体之面的拼图 /作者

Q应该说，高立多边形和高立多面体属于趣味数学的一类问题。单位立方体的不同组合可以创造出无穷多的神奇组合。我们在第十一章"万圣节时说点与鬼神有关的数学"里介绍了骷髅塔和各种变异。还有"康威立方""索玛立方"（Soma cube）"恶魔立方"（Diabol-ical cube）"斯洛陶伯－赫拉茨马立方"（Slothouber-Graatsma puzzle）等。我们不一一介绍了。一个比高立多面体更为人所知的特殊多面体是多空多面体（Holyhedron）（如图 9.25）。这是由康威最早提出来的。不知道偏爱趣味几何的数学爱好者们又会得出多少意想不到的结果来。

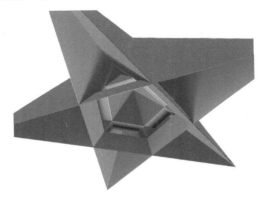

图 9.25 12 面多空多面体/Nathan Ho

最后再来看另一个题目。一个叠立方体(polycube)是指由多个单位立方体在表面黏合所堆砌形成的多面体(如表 9.2)。

表 9.2 $n=1, 2, \cdots, 10$ 时的叠立方体/弗里德曼

1	2	3	4	5
	无 (狄温森提斯)	未解决		练习
6	7	8	9	10
	(赫特)		练习	(赫特)

设 S 是一个正整数的集合。我们把一个叠立方体 P 称为"S-面叠立方体"（S-faced polycube），如果 S 正好是 P 的所有面的面积的集合。注意 P 的若干面的面积可以是相同的。比如一个单位立方体有 6 个面，它们的面积都是 1。

当 $S=\{n\}$（即 S 只含有一个元素）时，人们已经找到了除了 $n=$ 2 和 $n=3$ 以外所有的 S-面叠立方体（至少一个解，但我们还不知道是否有更小的解）。对于 $n=2$，狄温森提斯证明了它不存在；对于 $n=3$，我们还没有答案。题请读者试着把 $n=5$ 和 9 的一个 S-面叠立方体找出来（括号中是发现者名字）。

对表 9.3 中每一个集合 $S=\{n，m\}$（$n<m$），人们已经找到了一种解，但同样我们不知道是不是最小的解（如表 9.3）。其中，我们有意空出了 $\{2，4\}$，$\{2，5\}$ 和 $\{3，5\}$ 这三个解。题请读者帮助添上。注意 $\{3，5\}$ 这个解其实已经在本章前面出现过了。

表 9.3　集合 S 含有两个元素时的叠立方体/弗里德曼

m/n	1	2	3	4
2				
3		 （西歇尔曼）		
4		题 练习	 （西歇尔曼）	

续表

m/n	1	2	3	4
5		题 练习	题 练习	

弗里德曼是美国 Stetson 大学的教授，他从 1998 年以来有一个原创趣味数学网页"Math Magic"，多是几何方面的题目，且多有一定的难度，但都很有趣。

爱因斯坦说：想象力比知识更重要，因为知识是有限的，而想象力是无穷的，可以创造一切。那我们就追随伟人的脚步，不拘泥于陈腐和现有，打开思维想象的空间，用自然的魔法构筑美丽的千变万化的几何吧！

参考文献

1. A. K. Dudeney. An Odd Journey Along Even Roads Leads to Home in Golygon City，Sci. Amer. ，1990(263)：118—121.

2. I. Vardi. American Science. §5.3 in *Computational Recreations in Mathematica*. Redwood City，CA：Addison-Wesley，1991：90—96.

3. L. Sallows，M. Gardner，R. K. Guy，and D. Knuth. Serial Isogons of 90 Degrees，*Math Mag*. 1991(64)：315—324.

4. N. J. A. Sloane，Sequence A006718/M3707，*The On-Line Encyclopedia of Integer Sequences*.

5. P. Goucher. Golygons and golyhedra. http：// cp4space. wordpress. com/ 2014/04/30/golygons-and-golyhedra.

6. P. Goucher. Golyhedron update. http：// cp4space. wordpress. com/2014/05/ 11/golyhedron-update.

7. Mauro Fiorentini. Goligoni（numero di）. http：// www. bitman. name/math/ article/628.

8. Math Munch，Tangent Spaces，Transplant Matches，and Golyhedra. http：// mathmunch. org/2014/04/30/tangent-spaces-transplant-matches-and-golyhedra/.

9. Puzzle 742. Prime-Golygons. http：// www. primepuzzles. net/puzzles/puzz _ 742. htm.

10. Puzzle 746. A follow up to Puzzle 742（about golygons）. http：// www. primepuzzles. net/puzzles/puzz _ 746. htm.

11. Puzzle 747. A second follow up to Puzzle 742（about golygons）. http：// www. primepuzzles. net/puzzles/puzz _ 747. htm.

12. Wolfram，Golygon. http：// mathworld. wolfram. com/Golygon. html.

13. Harry J. Smith，Golygon Letter to Mr. A. K. Dewdney. http：// www. reocities. com/hjsmithh/Golygons/GolygonL. html.

14. Erich Friedman，Math Magic，S-faced polycube. June 2014. http：// www2. stetson. edu/~efriedma/mathmagic/0614. html.

15. Jean-Paul Delahaye. Promenades carrées et cubes collés，ourla Science-n 443-September 2014. http：// www. lifl. fr/~jdelahay/pls/2014/250. pdf.

第十章 俄国天才数学家切比雪夫和切比雪夫多项式

19世纪之前，俄国的数学在欧洲一直处于落后的地位，切比雪夫的出现从根本上改变了这种格局。作为一流的数学家和力学家，在数学的多个领域都有所建树。比如，在数论方面推进了素数分布问题的研究，在概率论方面用初等方法证明了大数定律，在函数逼近论中建立了切比雪夫多项式，在积分方面证明了微分二项式可积性条件定理等。他注重培养学生，团结有共同志趣的人士，创建了俄国最早的数学学派，即彼得堡学派。他注重理论联系实际，著名的切比雪夫多项式就是从连杆设计中升华出来的理论精华。

1. 一个富末代的童年

巴弗努基·切比雪夫（以下简称切比雪夫，有些中文网站把他的名字译为巴夫尼提，这是不符合俄文原名的）出生于莫斯科西南部的一个小镇奥卡多沃（Okatovo）。他的家庭是名副其实的贵族家庭，家境殷实，祖辈有很多人立过战功。他的父亲列夫·切比雪夫是沙皇时代的一名军官，曾参加过击退拿破仑入侵的战争，但是到切比雪夫出生时已经退役。列夫和妻子一共育有9个孩子，切比雪夫排行第二，其中几个子承父业，追随父亲的足迹走上了军旅生涯。但是切比雪夫却因左脚生来就有残疾，所以无法像父亲和兄弟一样走上军旅生活。事实上，他从小就要借助一根拐棍行走，无法与其他的孩子们一样自由自在地玩耍，大多时候自寻其乐，偶尔会用小刀子制作心爱的玩具。如果换个角度来讲，这种身体的局限给了他心灵上更大的自由，他可以在独处中多一些畅想，对他以后走上独立的研究道路不无益处。

图 10.1　切比雪夫/维基百科

　　每一个人的成长都离不开他所处的时代。19 世纪初的俄国还不太强大，当时的俄国人对欧洲其他国家既害怕又羡慕。一些无知的人主张闭关锁国来抵御地域和文化侵略，而另一些受过良好教育的人因在征战的过程中习得了法语，了解欧洲的文化、文学和科学，则主张俄国应该更加开放和西化。在这两种截然不同的思想斗争中，幸运的是，切比雪夫的父母是后者，他们的开明态度使得切比雪夫从小受到了良好的教育，也有助于他开放思想与博大胸襟的养成。

　　父母是孩子最好的老师，无论任何时代，家庭教育都占据着重要地位。小切比雪夫受家庭教育的影响很深，因为他自幼在家里上私塾，授课老师是他的母亲和一位聪慧的表姐。母亲教他读书写字，表姐教他法语、算术和唱歌，这为他以后了解法国乃至世界数学的研究进展创造了绝好的条件。他曾经说过，他的音乐老师"将他的思考提升到了精确和分析"。他所说的这位音乐老师是否就是教他唱歌的表姐我们还不得而知。

1832 年，在切比雪夫 11 岁的时候，他们举家搬到了莫斯科居住。莫斯科是俄国的一个科学和文化中心，这里的教育程度要远比他所出生的小镇好。到此定居后，他的父母继续让他在家里接受教育，所不同的是，给他聘请了当时莫斯科最好的家庭老师波格莱尔斯基。良师出高徒，这位老师文理兼修，写作、数学和物理都很棒，写过几本畅销的初等数学教科书，他为小切比雪夫打下了坚实的数学和人文基础，也直接使他走上数学研究的康庄大道。

2. 不畏家道中落，毕生追求数学

1837 年，切比雪夫进入了著名的莫斯科大学。之所以选择哲学系下属的数学物理专业，就是因为受波格莱尔斯基的影响，可见波格莱尔斯基对其影响之大。

莫斯科大学饱受欧洲文化的熏陶，崇尚自由交流的文化氛围，对于没有上过正式学校的切比雪夫来说，这种大学教育体系完全不在自己的想象中，一切都是那么新鲜。教育家梅贻琦曾说过："所谓大学非所谓大楼之谓也，

图 10.2　年轻时的切比雪夫 /
www-history. mcs. st-andrews. ac. uk

有大师之谓也。"莫斯科大学就是一个藏龙卧虎的地方，有许多大师在此执教。其中，对切比雪夫影响最大的当属应用数学家布拉什曼。布拉什曼涉猎广泛，教授力学、微积分和概率，特别是还

对机械力学很感兴趣，他给切比雪夫介绍了法国工程数学家庞斯列的工作。

1840 年，莫斯科大学数学物理专业举办了一个数学竞赛。临近毕业的切比雪夫递交了自己的参赛论文"方程根的计算"（Вычисление корней уравнений，英文：*The calculation of roots of equations*），用牛顿的迭代法来解 n 次代数方程 $y = f(x)$。他因此在 1841 年荣获该年度系里颁发的银质奖章。这篇论文当时没有发表，迟至 100 多年后的 20 世纪 50 年代才公之于世。

1841 年，切比雪夫顺利大学毕业，但此时，他的家庭却发生了很大的变故，父母的经济状况急转直下，已无力再支持他的生活等各项费用，并不得不离开莫斯科。也许面临这些困难，有些人会气馁，甚至一蹶不振，但是对于一个有着坚定信念，有着执着追求，有着自己的独立思想，而又坚韧不拔、懂得吃苦耐劳的人来说，这就是一次为更好地成长所经受的历练。失去强大生活后盾的切比雪夫，凭着对

图 **10.3**　19 世纪 60 年代的
切比雪夫 / 维基百科

数学的热爱，毅然决定留在莫斯科，继续研读数学。他不但负担自己的费用，还主动承担了两个弟弟的部分教育费用。我们说，这种担当精神也是他后来之所以能够创立和发扬彼得堡学派的一个诱因。

他用时 6 个月通过了资格考试，然后在布拉什曼的指导下攻

读硕士学位。他信心百倍地投入到研究工作中，暗下决心一定要赶超国际先进水平，取得国际同行的认可。有眼光、有决心、有努力，当然等待着他的就会是成功。

他的努力立竿见影，他第 2 年就向法国数学家刘维尔递交了第 1 篇学术论文，而且这篇论文是用法文写的。刘维尔慧眼识珠，1843 年在自己 1836 年创办的期刊《纯粹与应用数学杂志》（*Journal des Mathématiques Pures et Appliquées*，又称《刘维尔杂志》）上发表了这篇论文。美中不足的是，切比雪夫在论文中忽略了一个公式的证明，一年后，法国数学家卡塔兰补上了这个证明，并同样在这份期刊上发表。那么，在当时通信欠发达的历史条件下，年轻的切比雪夫是如何与名声显赫的刘维尔取得联系的呢？有一个可能是，切比雪夫在 1842 年 12 月陪同俄国地理学家赤哈乔夫访问了数学风尚之都巴黎，很可能在巴黎见到了卡塔兰，又通过卡塔兰将论文递交给刘维尔。

切比雪夫继续乘胜追击，1844 年又在德国数学家克雷尔 1826 年创办的同名杂志《纯粹与应用数学杂志》（*Journal für die reine und angewandte Mathematik*，又称《克雷尔杂志》）用法文发表了第 2 篇论文，是有关泰勒级数收敛的。

这两份期刊的中文名一样，但我们已经看到，其实是不同的两个人创造的两份不同的期刊。这两份期刊以刊登当时还默默无闻的青年数学家伽罗瓦和阿贝尔的论文而名声大震，是期刊扶植作者的典型案例，而这两份杂志也因独具慧眼而名扬四海。不过，与伽罗瓦和阿贝尔发表论文所花费的周折相比，切比雪夫无疑是比较幸运的。

1846 年，切比雪夫通过了硕士论文答辩，论文的题目是"概率论的初等分析之尝试"（Опыт элементарного анализа теории вероятностей，英文：*The Elementary Analysis of the Theory of Probability*）。他把概率论的主要结果用非常严格且初等的方法表达出来，特别是他还仔细地检验了著名的泊松弱大数定律（Poisson's weak law of large numbers）。毕业的同年，他以其硕士论文为基础，在《克雷尔杂志》上发表了一篇相关论文，题目为"概率中基本定理的初步证明"（Démonstration èlèmentaired'une proposition génerale de la théorie des probabilités）。

由于家庭的变故，他不再没有后顾之忧，急迫地需要找到一份工作糊口和养家。同时，他在生活中变得特别节约，并且终生保持着这个习惯。不过，他并不是在什么方面都这样节省，每当他需要制作机器时，即便倾囊而出也在所不惜。

3. 执教圣彼得堡大学，创建彼得堡学派

在当时的俄国，要想在大学里找到教职，论文通常是雷打不动的敲门砖。切比雪夫 1843 年的论文，实际上就是为在莫斯科找到一个教职而作，但当时俄国的情况并不乐观，没有大学职位能够给他。直到 1847 年，他才获得了圣彼得堡大学的一个特许任教资格（provenia legendi）位置，相当于一个临时讲师的职位，从此正式走上在大学执教的生涯。他为此递交的晋职论文是"关于用对数积分"（Об интегрировании с помощью логарифмов，英文：*On integration by means of logarithms*）。在这篇关于代数无理函数的积分问题的论文里，他推广了俄国数学家奥斯特罗格拉德斯基的一个方法，从而证明了阿贝尔在 1826 年提出的一个猜想。这篇手写的论文直到他去世后 43 年（即 1937 年）才发表。不过他在 1853 年曾在另一篇论文里谈到过其中的部分结果。

在圣彼得堡大学任教之初，切比雪夫受俄国数学家、柯西的学生布尼亚科夫斯基的影响，开始研究数论。他发表了在数论方面的一些重要结果，并写了一本书《同余理论》(Теория сравнений，英文：*The Theory of Congruences*)。这本书使得他在世界上出了些名气。他以此申请了莫斯科大学的博士学位并在 1849 年 5 月 2 日通过答辩。几天后又因这项工作获得了俄国科学院的一项奖励。他与布尼亚科夫斯基合作，一起整理出了欧拉的 99 篇关于数论的论文并在 1849 年以两卷本出版。除了布尼亚科夫斯基，他还经常与索莫夫交流。每当他有新的发现时，他就会去告诉索莫夫并通过索莫夫的反应来判断自己的发现是否已经有人做出来过。他不太喜欢花很多时间去读文献，因为他认为，过多地看文献会对他独立思考产生负面的作用。

切比雪夫还差点证明了当时的一个著名猜想"素数定理"：记 $\pi(n)$ 为小于 n 的素数的个数，当 $n \to +\infty$ 时，$\pi(n)\lg n/n$ 的极限存在且一定是 1。切比雪夫所证明的是，如果这个极限存在的话，那么这个极限一定是 1。他的证明用到了 ζ 函数。这在当时是一个里程碑式的结果。极限的存在性是他去世两年后才由法国数学家阿达马和比利时数学家普森分别独立证明的。

虽然没有给出存在性的证明，但是他的计算已经非常精确，使得他就势证明了法国数学家伯特兰在 1845 年提出的一个猜想。这个猜想说，对于任意一个 $n > 3$，总有一个素数是介于 n 和 $2n$ 之间。这个结果后来被人们称为"伯特兰公理"，其实它是一个很重要的定理。1919 年，拉马努金用 γ 函数的性质给出了它的一个简化证明，由此还衍生出了拉马努金素数的概念。

切比雪夫在概率论方面有许多工作。1867 年，他发表了一篇概率方面的论文"关于平均值"（О Средних величинах，英文：*On mean values*），其中用比内米不等式得到了大数定律的一个推广。因此，这个不等式现在被公认为"比内米－切比雪夫不等式"（Bienaymé-Chebyshev Inequality），甚至干脆称为"切比雪夫不等式"。20 年后，他发表了"关于概率论的两个定理"（Одвух теоремах относительно вероятностей，英文：*On two theorems concerning probability*），奠定了概率论在统计数据和中心极限定理的推广的理论基础。俄国著名数学家柯尔莫哥洛夫评价说："切比雪夫工作的主要意义在于他总是要用在任意次数试验不等式的形式精确地估计可能出现的与极限规律的偏差。而且，切比雪夫是第一位做清晰估计和使用'随机量'和'期望值'（平均值）的人"。

在积分理论方面，切比雪夫推广了贝塔函数（β 函数，第一类欧拉积分），考虑了如下形式的不定积分：$\int x^p(1-x)^q \mathrm{d}x.$ 他对无理函数的可积性进行了研究，解决了有限形式下的椭圆积分问题，证明了著名的微分二项式可积性条件定理等。

1850 年，切比雪夫晋升为副教授（extraordinary professor）。10 年后，即 1860 年，晋升为教授（ordinary professor）。1872 年，在从教 25 年之际，他获得功勋教授（merited professor）称号。他教授的课程几乎囊括了数学的各个方面，包括：解析几何、高等代数、数论、积分学、概率论、有限差分、椭圆函数和定积分。他的课程深受学生欢迎，他的学生李亚普诺夫曾说："他的课程是精练的，他不注重知识的数量，而是热衷于向学生阐明一些重要的观念。他的讲解是生动而富有吸引力的，总是充满了对问题和科学方法的重要意义的奇妙评论。"

他的教学态度非常认真严谨，几乎从来没有请过假，也从来不会迟到。他不喜欢拖堂，每次下课铃一响，就立即宣布下课，在下一次上课的一开始把前一次没有证明完的定理讲完。有时，如果一个计算比较复杂，他就会先将计算的目的讲出来，然后回身把公式写出来。他讲课时运筹帷幄、拿捏有度，虽然他的计算速度比较快，但给出的计算细节又正好可以让学生轻而易举地跟上他的节奏。有时，他会离开黑板上的数学细节，高屋建瓴地侃侃而谈他自己对这个问题的理解以及他与其他数学家们在这个问题上的交流，并对这个问题与其他数学问题的关系进行阐释。这种教授方式给学生的信息量很大，能够使得学生对问题有更深刻的理解，活跃学生的思维，激发学生的创造力，也开拓了学生的视野，能够使学生了解数学的前沿、数学家们交流的方式，等等。他热爱学生，乐于指导学生，很多学生甚至在毕业后仍然得到他的指导。那些从事数学研究的学生，工作之初都会在他的亲自指导之下进行研究。他乐于奉献，而且有一个开放的心态，每周会有一个固定的时间，敞开家门，欢迎任何人来进行研究讨论。他不吝啬自己的智慧，会告诉来客，应该在哪个方向上做独立调查以取得丰硕的成果，也会把自己认为会出比较有意义的结果的问题相告。比如，李亚普诺夫对重体平衡轨道的研究就是这样开始的。1882 年，切比雪夫从圣彼得堡大学离开，开始自己的独立研究生涯。从 1852 年到 1858 年期间，由于切比雪夫当时的经济收入过于微薄，切比雪夫还在圣彼得堡郊区的一所贵族学校皇村学园（Alexander Lyceum）讲授力学实践（practical mechanics）课程。

切比雪夫有多次出访经历，这些经历使得他结识了更多的数学家，增长了见识。1852 年，他到法国、英国和德国访问了半年（7 月到 11 月），见到了法国的应用数学家刘维尔、统计学家比内米、数学家埃尔米特、数学家塞里特、数学家勒贝格、庞斯列，英国数学家凯莱和西尔维斯特以及德国数学家狄利克雷。

切比雪夫对这次走访印象深刻。他说："对于我，与几何学家狄利克雷认识是非常有意思的，……（我）每天找一个机会与这位几何学家谈（微积分在数论中的应用）和其他纯数学和应用分析的问题……（我）很愉快地参加了他的一次关于理论力学的授课。"

切比雪夫对这次出访很满意，以后又去了多次。他最喜欢的地方是巴黎。法国数学界对他很热情，这使得他感觉就像在自己的家里一样。除了上面提到的数学家之外，他还与其他欧洲数学家取得联系，其中包括弗朗索瓦·卢卡斯、博查特、克罗内克和魏尔斯特拉斯。几乎每一个夏天，切比雪夫都会去西欧。在 1873 年和 1882 年之间，他在欧洲各地作了 16 次报告。

我们不难看出，在切比雪夫执教圣彼得堡大学的职业生涯中，他不但热心教授学生，注重科学研究，而且加强与国际数学界的交流。可以说，不但活跃在俄国的数学舞台上，而且也是国际舞台的常客。他的这种努力，使得 19 世纪下半叶开始在俄国形成了最早的数学学派，即彼得堡学派，其成员和成果对俄国的近现代数学产生了巨大影响。这个学派与而后的莫斯科学派侧重于理论数学不同，其鲜明特色是侧重理论联系实际。下面我们就以切比雪夫多项式为例来谈谈他是如何将理论与实际巧妙结合的。

图 10.4　已经颇有成就和名气的
切比雪夫/维基百科

4. 从应用数学升华出一流数学成果

在我们今天看来，切比雪夫毫无疑问是最优秀的纯粹数学家之一，实际上他也是名副其实的应用数学家。他具有在看似平凡的东西里发现数学之美的天赋，并能把它融汇到远超数学本身最初应用的理论之中。他认为："科学在实践中找到可靠的指南"。著名的切比雪夫多项式就是从连杆设计中升华出来的理论精华。

1856 年，切比雪夫在一次演讲中解释了他是如何看到纯粹数学与应用数学之间的关系的。他说："理论和实践愈发相互靠近的观点带来了最有益的结果，绝非只是实践一方所取得；在此影响下，科学正在进步，因为这种靠近会衍生出新的研究对象或者使早已熟知的学科产生新的内容。尽管在过去 3 个世纪以来，由于伟大数学家们的工作，数学取得了长足的进展，但实践清楚地揭示了其在许多方面并不完备；这就为科学提出了具有本质意义的新课题，让人们去挑战，寻找新的方法。而且，如果在新的应用出现或者旧的方法得到发展之时能够取得很多的理论成果，那么当有新的方法诞生时这些理论成果就会更加丰硕；这里，科学在实践中找到了一个可靠指南。"

事实上，切比雪夫对理论力学和逼近论研究的新动力源于他1852 年的那次欧洲访问。他发现逼近论可以应用于力学理论和计算数学中。那次访问使得他有机会考察数学在风车、水轮机、铁路、炼铁厂、蒸汽机等机械上的应用。切比雪夫最为关注的是力学理论中的连杆机构。这种装置用于蒸汽机和其他机器中，能够把一种运动转变成另一种运动。当时，这方面有一个著名的例子，瓦特把引擎中的摇臂梁的旋转运动转变成了活塞杆的直线运动。

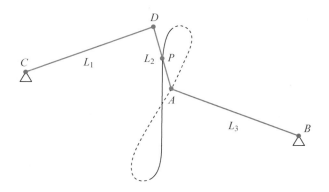

图 **10.5**   瓦特连杆装置示意图/维基百科

    如图 10.5，点 B 和点 C 固定。3 根杆子在点 A，B，C 和 D 处
相连，点 A 和 D 可以动，从而让点 P 形成一个近乎直线的运动。
很多人误以为瓦特是蒸汽机的发明者，其实他是改进了蒸汽机的
效率，使得它可以更为广泛地应用，最终导致了英国和全世界的
工业革命。但是瓦特的设计不是完美无缺的。问题在于，点 P 并
不是真正地在一条直线上运动，而走的是一条曲线。其结果就是
在实际应用中出现密封不严和摩擦阻力。好在瓦特的误差不是很
大，这个设计足可以用于蒸汽机上。

    切比雪夫要做的是找到一种数学方法，使得人们可以系统地
设计连杆机构，以产生人们所预期的运动方式，而且具有极高的
准确性。切比雪夫总结出的一套方法就是现在我们说的多项式函
数的一致最佳逼近。他是第一位看到这个领域的理论和应用的可
能性的人。切比雪夫一开始定下的目标是设计出一种连杆，使得
有一个点 P 走的完全是一条直线；即使这个目标达不到，也至少
要比瓦特的设计精确度更高一些。他最终没有能够做出一个完全
走直线的连杆机构，但是在 1850 年，他确实设计出了一个误差不

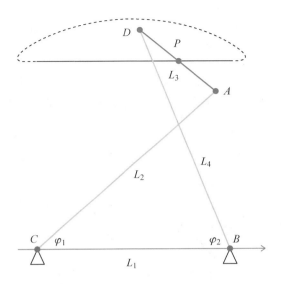

图 10.6　切比雪夫连杆装置示意图 / 维基百科

到瓦特连杆的一半的切比雪夫连杆（如图 10.6）。不同于瓦特的是，切比雪夫让其中两个杆相交。后来，切比雪夫的一位学生利普金设计出了一个完全能把圆周运动转变成直线运动的连杆。现在这个设计被称为"波塞利尔-利普金连杆"（Peaucellier-Lipkin Linkage）。但这个装置不太实用，它有 7 根杆子和 6 个链接点，虽然理论上能够产生直线运动，但是在制造过程中的误差把理论上的这些改进代替了，没有能够产生好的效果。切比雪夫和他的学生的设计最后都没有真正用在蒸汽机上。不过，他已经不在乎这些了，因为他已经通过这个实践发现了数学理论上的新大陆。当然切比雪夫也不是只考虑直线问题。他后来写过很多关于连杆及其性质的论文，而且他还设计出过许多非常聪明的连杆装置。

　　让我们再稍微深入介绍一下切比雪夫连杆装置，因为它对我们将要讲的切比雪夫多项式具有启发意义。切比雪夫连杆的装置

中的 L_2，L_3，L_4 杆以及固定两点 B 和 C 之间的距离 L_1 满足 L_1：L_2：$L_3 = 2 : 2.5 : 1 = 4 : 5 : 2$ 和 $L_4 = L_3 + \sqrt{L_2^2 - L_1^2}$。点 P 是 AD 杆的中点。可以得出 $L_4 = L_2$。这一点对点 P 成为近似直线运动起了重要作用。点 A 和 D 做的是周期运动。它们的坐标分别满足

$$x_A = L_2 \cos \varphi_1,$$
$$y_A = L_2 \sin \varphi_1,$$
$$x_D = L_1 - L_2 \cos \varphi_2,$$
$$y_D = L_4 \sin \varphi_2。$$

点 P 的坐标就是

$$x_P = (x_A + x_B)/2,$$
$$y_P = (y_A + y_B)/2。$$

这似乎意味着，连杆装置的计算多少应该与三角函数有关。

1852 年的出访，促使他写了一系列应用数学方面的论文。其中 1854 年发表的"论平行四边形的机械原理"（*Théorie des mécanismes connus sous le nom de parallélogrammes*），是他在函数逼近论方面发表的第一篇论文。他在这篇论文中，把改进连杆与机械力学联系起来，构造出了一个多项式来逼近函数，这就是后来人们所称的"切比雪夫多项式"。他还用这个新方法得到了两个与瓦特连杆有关的结果。但是他没有给出计算的细节。他在论文末尾说，他的解释在"下一节"里，而实际上根本没有这样一节。后来，他又说他没有时间完成这篇论文。人们猜测，切比雪夫可能认为这样的具体例子没有发表的价值。然而，以他在这篇论文为基础发展起来的理论问题产生了远比连杆装置的设计更具深远意义的应用。

连杆装置是周期运动，当然我们最自然的想法是用三角函数

来做近似计算。但是切比雪夫考虑的要更远一些，更一般些。他要把自己的方法用于有限线段上的非周期函数的近似计算。对于这种情形，更自然的选择是泰勒级数展开。无论是周期函数的三角函数逼近，还是非周期函数的泰勒级数逼近，都是在 18 世纪就有了研究。前面我们已经看到，切比雪夫在上大学的时候就已经对级数展开了较深入的研究。现在他要把自己对机械的兴趣与他的数学背景联系起来了。

我们现在无法知道切比雪夫的原始思路。只能根据有关文献大致了解一些来龙去脉。

在观察活塞杆的运动中，切比雪夫必须要考虑活塞杆运动离开一条直线的最大误差，并使得这个误差达到极小。假定活塞杆的运动是在 $x=-1$ 和 $x=1$ 之间，这个误差用曲线 $y=f(x)$ 来表示，那么他要做的就是让这个误差函数在 $[-1, 1]$ 这个区间上的最大值

$$\| f \| = \sup_{-1 \leqslant x \leqslant 1} | f(x) |$$

达到极小。为了做到这点，他首先把函数 f 用它的泰勒级数在 0 点附近逼近，也就是说，用一个 n 次多项式来代替函数 f：

$$f(x) = a_0 + a_1 x + a_2 x^2 + \cdots + a_n x^n,$$

其中系数 $a_i (i=1, 2, \cdots, n)$ 都是实数，而这些系数都与连杆的设计(比如长短和相对位置)有关。

假定切比雪夫可以通过改变连杆设计来让这些系数达到他想要的几乎任何数值。当然这些系数不能过于任意，比如说，a_i 都是 0 的情况太平凡了，这个 0 常数函数没有任何实际意义。所以这些系数还是要受到某些限制。于是他假定不是所有的系数都为零而且最高项的系数 a_n 不是 0(以确保这是 n 次多项式)。

我们假定 $a_n=1$，因为我们总可以选用 $f(x)/a_n$ 来代替使得最高项的系数为 1。于是问题变成了，选择系数 a_0，a_1，…，a_{n-1} 及 $a_n=1$，使得 $\|f\|$ 尽可能地小。这正是切比雪夫在他的 1854 年论文中考虑的问题。

这样的多项式是什么呢？当 $n=1$ 时，$f(x)=x+a$。我们看到，$\|f\|=1+|a|$，从而必须有 $a=0$。再来看 $n=2$ 的情况。这时 $f(x)=x^2+ax+b$ 是一条向上开口的抛物线。我们知道，$f(x)$ 在 $[-1,1]$ 之间的最大值和最小值的绝对值应该相等，符号相反，否则我们可以通过上下平移来减小 $\|f\|$。用初等的方法可以推断 $a=0$。于是最小值就只可能是 $f(0)$，而且 $f(0)=-f(1)$。从而有 $b=0.5$。于是 $f(x)=x^2-0.5$（如图 10.7）。

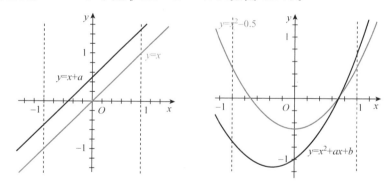

图 10.7   1 次和 2 次多项式最大值达到最小的图示 /作者

让我们来看一看这两个函数有什么明显的特征。它们的零点个数都是 n，最大值和最小值交错出现，并且它们的绝对值是相等的。

切比雪夫思路的精彩之处在于，他发现，为了使 $\|f\|$ 达到极小，他必须选择这样的 n 次多项式函数 f，使得 $|f|$ 正好取 $n+$

1次极大值，而且函数 f 本身交替地变换符号。切比雪夫没有证明这个事实，也没有说他是怎么知道这个事实的。有人认为他是从庞斯列处知道的。无论如何，现在他的问题变成了寻找上面描述的多项式。

在构造这个函数之前，我们先声明，这样构造出来的多项式确实是最小的。也就是说，如果

$$p(x) = b_0 + b_1 x + b_2 x^2 + \cdots + b_n x^n \quad (b_n = 1),$$

那么不可能有 $\| p \| < \| f \|$。这一点可以严格地用数学推导来证明。但这不是本章的重点。故略去。

这样的多项式函数并不是显而易见能找到的。我们需要借助另外的思路，先找到具有交错达到极值的一组函数，然后设法通过某种变化来得到我们的多项式。前面说过，切比雪夫连杆做周期运动，应该与三角函数有关联。让我们来看一看余弦函数吧，因为余弦函数具有类交错符号地达到极值的特性（如图 10.8）。$g_1(\theta) = \cos \theta$ 在 $[0, \pi]$ 上达到 2 次极值：$g_1(0) = 1$，$g_1(\pi) = -1$；$g_2(\theta) = \cos 2\theta$ 在 $[0, \pi]$ 上达到 3 次极值：$g_2(0) = 1$，$g_2(\pi/2) = -1$，$g_2(\pi) = 1$。一般地，$g_n(\theta) = \cos n\theta$ 在 $[0, \pi]$ 上交错符号地

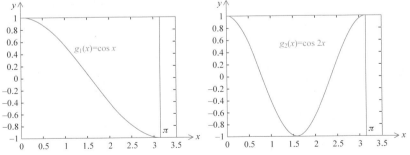

图 **10.8**　余弦函数的图像/作者

达到 $n+1$ 次极值 ± 1。

　　切比雪夫需要做的就是把 $[0,\pi]$ 上的这组余弦函数变成 $[-1,1]$ 上的 n 次多项式函数。定义 $x=\cos\theta$，其逆函数为 $\theta=\cos^{-1}x$。切比雪夫引入函数

$$T_n(x)=\cos n\theta=\cos n(\cos^{-1}x),$$

那么 $T_n(x)$ 是不是多项式呢？容易看到，

$$T_1(x)=\cos\theta=x,$$
$$T_2(x)=\cos 2\theta=2\cos^2\theta-1=2x^2-1,$$
$$T_3(x)=\cos 3\theta=\cos(2\theta+\theta)=\cdots=4x^3-3x。$$

　　一般地，用归纳法和三角函数的和角公式可以证明 $T_n(x)$ 是 n 次多项式函数，而且可以证明，x_n 的系数就是 2^{n-1}。事实上，我们可以看到

$$T_{n+1}(x)=2xT_n(x)-T_{n-1}(x)。$$

　　按照上面的叙述，我们应该用 $f(x)=T_n(x)/2^{n-1}$ 代替 $T_n(x)$。这就是他要寻找的 n 次多项式函数。不过 $\hat{T}_n(x)=\cos n(\cos^{-1}x)$ 似乎看起来更漂亮。人们还是把 $T_n(x)$ 称为切比雪夫多项式，或者"第 1 类切比雪夫多项式"（如图 10.9），因为后来又发展了一组相关的第 2 类切比雪夫多项式。符号"T"的采用是因为他的法文名字（Tchebychev）和德文名字（Tschebyschev）都是以 T 开头的。不过他本人并没有直接用自己的名字来命名。现在的名字是后来伯恩斯坦最早采用的。切比雪夫用构造的方法找到了他要寻找的函数。其实，他构造出的多项式函数是唯一满足要求的多项式。事实上，对于任何次数至多为 n 的多项式 $p(x)$ 而言，如果它在 $[-1,1]$ 区间上交错变换符号地 $n+1$ 次达到 $\|p\|$，那么 $p(x)$ 是 $T_n(x)$ 的倍数。

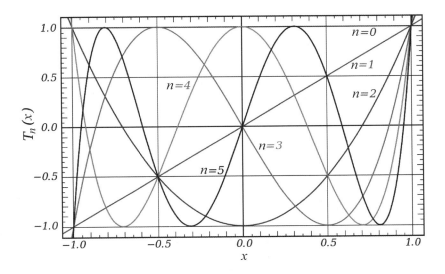

图 **10.9**　第 1 类切比雪夫多项式($n=1$，2，…，5) /维基百科

　　切比雪夫显然对自己构造出来的这一组多项式颇为满意。他没有再继续追求完美无瑕的连杆，而是开始用这组多项式来解决更多的数学问题。

　　他首先考虑的是用 $T_n(x)$ 来对光滑函数进行插值近似。传统上，人们使用的是拉格朗日插值法。在 $[-1,1]$ 区间上给定一组点 x_0，x_1，…，x_n，构造出一组拉格朗日插值基函数，然后做这些基函数的线性组合。至于这些点的最自然的取法当然是在 $[-1,1]$ 区间均等选取，这种取法对周期函数效果不错。可是在有限区间上有时就不行了。切比雪夫提出用 $T_n(x)$ 的零点。他发现这样的选取效果很不错。其实这个想法也是挺自然的。如果我们把这些点通过 $\theta=\cos^{-1}x$ 映射到 $[0，\pi]$ 区间上，相应的 θ_0，θ_1，…，θ_n 就是均匀分布的（如图 10.10）。

　　后来他在此基础上率先发展出了正交多项式的一般理论。在此

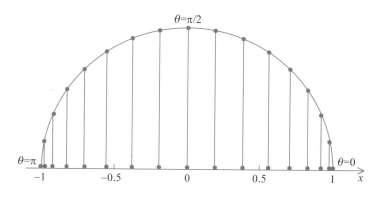

图 **10.10**　切比雪夫点(Chebyshev nodes) /作者

之前，勒让德和拉普拉斯在研究天体力学的时候用到过勒让德多项式。19 世纪早期，拉普拉斯在研究概率论的过程中发现并研究过埃尔米特多项式。但是这些都是零星的孤立的研究。切比雪夫则是第一位看到其一般理论可能性的人。他的思想源于最小方差逼近和概率论；他把自己的结果用于插值、数值积分和其他领域。

　　(题)学过微积分的读者可以证明：$T_n(x)$ 在 $[-1,1]$ 区间上关于权函数 $p(x)=\sqrt{1-x^2}$ 是正交多项式。

　　那是不是说切比雪夫就不再研究连杆装置了呢？不是的。他不但一生坚持了这方面的研究，而且给自己的机械发明写过许多文章。因为他天生残疾，他还为行走不方便的人设计了一台走路机(如图 10.11)。他也设计过划艇和机械计算器(如图 10.12)。卢卡斯在巴黎的国家工艺学院展出了一些模型和图纸。1893 年，他的 7 个机械发明在芝加哥的国际博览会上展出。

　　(Q)前面我们看到，第 1 类切比雪夫多项式是用余弦函数定义的：$T_n(x)=\cos n(\cos^{-1}x)$。很自然地，我们会问：如果我们定义函数 $V_n(x)=\sin n(\cos^{-1}x)$ 的话，$V_n(x)$ 与 $T_n(x)$ 会有什么关系呢？

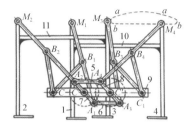

连杆长度满足下述条件：

$$\overline{A_1B_1}=\overline{B_1C}=\overline{B_1M_1}=\overline{A_2B_2}=\overline{B_2C}=\overline{B_2M_2}=\overline{A_3B_3}=$$
$$=\overline{B_3C_1}=\overline{B_3M_3}=\overline{A_4B_4}=\overline{B_4C_1}=\overline{B_4M_4}=1,$$
$$\overline{A_1C'}=\overline{A_2C'}=\overline{A_3C_1'}=\overline{A_4C_1'}=0.355,$$
$$\overline{CC'}=\overline{C_1C_1'}=0.785,$$
$$\overline{A_2A_4}=\overline{A_1A_3}=\overline{C'C_1'}=0.634.$$

图 **10.11**　切比雪夫设计的走路机 / cyberneticzoo. com

图 **10.12**　切比雪夫设计的计算器 / history-computer. com

读者可能已经注意到，$V_n(x)$ 根本不是多项式。因为 $\sin\theta=\sqrt{1-x^2}$，我们发现，$V_n(x)$ 中含有因子 $\sqrt{1-x^2}$。事实上，$V_n(x)/\sqrt{1-x^2}$ 就是多项式。让我们来看一看为什么：从三角恒等式

$$\sin(n+1)\theta=\sin n\theta\cos\theta+\cos n\theta\sin\theta$$

出发，在两边同时除以 $\sin\theta$，得到

$$\frac{\sin(n+1)\theta}{\sin\theta}=x\,\frac{\sin n\theta}{\sin\theta}+T_n(x),$$

即　　$$\frac{V_{n+1}(x)}{\sqrt{1-x^2}}=x\,\frac{V_n(x)}{\sqrt{1-x^2}}+T_n(x)。$$

引入 $U_n(x)=V_n(x)/\sqrt{1-x^2}$，则有 $U_n(x)=xU_{n-1}(x)+T_n(x)$。这就是第 2 类切比雪夫多项式。

　　我们不知道是否是切比雪夫本人提出并研究了第 2 类切比雪夫多项式。更有可能的是，因为这类多项式与第 1 类切比雪夫多项式紧密关联并具有许多类似的性质而被加上了切比雪夫的名字。甚至有人还定义了第 3 类、第 4 类切比雪夫多项式。但第 1 类和第 2 类是最重要的两类。

　　题 证明：

$$U_0(x)=1, \qquad U_1(x)=2x, \qquad U_2(x)=4x^2-1,$$
$$U_3(x)=8x^3-4x.$$

　　题 学过微积分的读者可以证明：$T_n(x)$ 是微分方程 $(1-x^2)y''-xy'+n^2y=0$ 的解。这个微分方程就叫作切比雪夫微分方程。第 2 类切比雪夫多项式也有其相应的切比雪夫微分方程。**Q** 再进一步，用 $x=\sin\theta$ 将这个微分方程转变一下得到：

$$\frac{\mathrm{d}^2x}{\mathrm{d}\theta^2}+n^2y=0。$$

这个方程的一般解是 $y=A\cos n\theta+B\sin n\theta=AT_n(x)+BU_n(x)$。其中 $T_n(x)$ 和 $U_n(x)$ 正好是第 1 类和第 2 类切比雪夫多项式。

　　题 有时候人们发现需要在 $[0,1]$ 区间上使用切比雪夫多项式。这样得到的多项式叫作移位的切比雪夫多项式（shifted Chebyshev polynomials）。请问移位的第 1 类和第 2 类切比雪夫多项式是什么？

　　Q 我们已经看到，第 2 类切比雪夫多项式用第 1 类切比雪夫多项式表示的公式：$U_n(x)=xU_{n-1}(x)+T_n(x)$。那么，我们必然能想到，第 1 类切比雪夫多项式也一定能用第 2 类切比雪夫多项式来表示。题请问这个关系应该是什么？

　　Q作为多项式，$T_n(x)$ 和 $U_n(x)$ 在整个实数轴上都有定义。但在 $(-1,1)$ 的区间之外，我们不能用三角函数的反函数来表示。这时我们必须用双曲函数的反函数来代替。注意我们把闭区间 $[-1,1]$ 换成了开区间 $(-1,1)$。这是因为在我们引入第 2 类切比雪夫多项式时在分母上使用了 $\sqrt{1-x^2}$。

　　题连杆装置的设计在当今仍然是一个值得学生们动手的科学项目。浙江省杭州第二中学的学生们的参赛论文"从画正多边形的铰链到连杆轨迹"获得了第三届丘成桐中学数学奖铜奖。参阅俄国数学教育基金会关于切比雪夫连杆的介绍(http://www.etudes.ru/en/etudes/paradox/)，读者可以重复出他当年的制作。

5. 贡献卓著，名垂史册

　　切比雪夫终生在进行数学研究工作，他从一开始就瞄准了俄国数学家们共同关心的问题，在数论、概率论、积分理论和数值分析等方面均取得一流的学术成果。在数学中以他姓氏命名的名词之多令人咂舌，比如，切比雪夫三次根(Chebyshev cube root)、切比雪夫距离(Chebyshev distance)、切比雪夫滤波器(Chebyshev filter)、切比雪夫函数(Chebyshev function)、切比雪夫微分方程(Chebyshev differential equations)、切比雪夫多项式(Chebyshev polynomials)、切比雪夫不等式(Chebyshev's inequality)、切比雪夫总和不等式(Chebyshev's sum inequality)、切比雪夫方程(Chebyshev equation)、切比雪夫连杆(Chebyshev linkage)、罗伯茨-切比雪夫定理(Roberts-Chebyshev theorem)、切比雪夫-马尔可夫-斯

图 **10. 13**   1868 年，切比雪夫（前排左二）
和圣彼得堡数学物理系的教授合影 /维基百科

蒂尔切斯不等式（Chebyshev-Markov-Stieltjes inequalities）、切比
雪夫-克鲁伯-库茨巴赫准则（Chebychev-Grübler-Kutzbach criteri-
on）、切比雪夫结点（Chebyshev nodes）、切比雪夫有理函数（Che-
byshev rational functions）、切比雪夫偏差（Chebyshev's bias）、离
散切比雪夫多项式（Discrete Chebyshev polynomials）、切比雪夫积
分（Chebyshev integral）、切比雪夫常数（Chebyshev constant）、切
比雪夫集（Chebyshev sets）、切比雪夫交错（Chebyshev alterna-
tion）、切比雪夫网（Chebyshev net）、切比雪夫中心（Chebyshev
center）、切比雪夫空间（Chebyshev space）、切比雪夫半径（Cheby-
shev radius）、切比雪夫逼近（Chebyshev approximation）、切比雪
夫系（Chebyshev system）、切比雪夫迭代法（Chebyshev iteration）、
切比雪夫半迭代法（Chebyshev semi-iterative method）、切比雪夫

定理(Chebyshev's theorem)、切比雪夫范数(Chebyshev norm)、切比雪夫伪谱法(Chebyshev pseudospectral method)等。我们不否认俄国人喜欢把俄国数学家的名字挂在重要的数学结果上，比如"柯西-施瓦茨不等式"在俄国被称为"柯西-布尼亚科夫斯基-施瓦茨不等式"。但是能把一位数学家与这么多成果挂钩并被世界承认也很说明他的实力。切比雪夫还通过讲学、访问以及发表文章等形式，迅速将这些成果扩散和传播，在整个欧洲产生了重要影响，在整个欧洲打响了知名度。

他一生中获得过多项殊荣。1853 年，他成为圣彼得堡科学院初级院士(junior academician)并任应用数学部的主任。1856 年获得学院的副院士(extraordinary academician)称号，1859 年成为院士(ordinary academician)。1856 年，他成为法国列日皇家科学会（the Société Royale des Sciences of Liège）和巴黎科学哲学学会(Société Philomathique)的通讯院士（Corresponding Member)，

图 **10.14**　切比雪夫在圣彼得堡大学历史博物馆的肖像复制品/维基百科

1871 年成为柏林科学院的通讯院士，1873 年成为博洛尼亚学院院士，1877 年成为伦敦皇家学会外籍成员，1880 年成为意大利皇家学院外籍成员，1893 年成为瑞典科学院外籍成员，1860 年成为法兰西学院通讯院士，随后又在 1874 年成为其外籍合伙人

(foreign associate)。1890 年，他荣获法国荣誉团勋章（French Legion of Honor）。每所俄国大学都曾授予他荣誉称号。他还是全俄中等教育改革委员会的成员和彼得堡炮兵科学院的荣誉院士。

他在圣彼得堡大学任教 35 载，作为土生土长的俄罗斯学者，深受学生喜爱，培养了大批出色的学生，并且以他自己的卓越才能和独特的魅力吸引了一批年轻的俄国数学家围绕在他周围，形成了一个具有鲜明风格的数学学派，即彼得堡学派，使俄罗斯数学迅速崛起。圣彼得堡的数学家们也都自然受到了切比雪夫的强烈影响。他所在的圣彼得堡学院（后来改名为切比雪夫学院）产生出了一大批有名的学者，比如，科尔金、佐洛塔廖夫、马尔可夫、沃罗诺伊、李亚普诺夫、斯泰克洛夫、伯恩斯坦、维诺格拉多夫等。据统计，到 2010 年为止，他的学生和学生的学生共达 7 483 人。可以说，他及其学生共同把圣彼得堡打造成了一个重要的数学中心，也就彻底摆脱了俄国数学的落后局面。

要知道在 19 世纪之前，俄国科学院的数学院士都是高薪聘请来的外国数学家，比如，欧拉、尼古拉·伯努利、丹尼尔·伯努利和哥德巴赫等。而打破这一格局的便是切比雪夫和罗巴切夫斯基，他们使得俄国数学界重新洗牌。

罗巴切夫斯基和切比雪夫一样在自己的研究领域取得了一流的学术成果，他发明了非欧几何，同样给俄国数学家攀登数学阶梯注入了极大的信心，但由于非欧几何的思想在当时过于新潮，也几乎没有人能够理解，所以不幸被学校开除。罗巴切夫斯基晚年穷困潦倒，几乎全盲，也无法走路，最终死于贫困。

相比来讲，切比雪夫在数学上全面开花，不仅当时就得到承认，而且还建立起了彼得堡学派，教导和引领一大批人走上数学道路，并做出成绩。俄国人把他誉为最伟大的分析学家，把他看作俄国科学的骄傲。在西方更有人把他称为俄国数学之父。

切比雪夫开发出的逼近论理论在中国也有很大影响。著名逼近论专家孙永生教授所研究的有限区间上的宽度理论就是基于这套理论。多项式函数交错变号的思想在构造极值多项式和宽度理论计算中发挥重要作用。

切比雪夫终生未婚，晚年自己住在一个有 10 间屋子的大房子里。每天晚上都会让佣人离开，然后小心地把门锁上。他这时富有，但平时的花销依然很少。他特别喜欢投资房地产，把大部分钱用在了这上面，去世时，已经拥有好多房子。不过他经常从经济上支援一个他从未正式承认的女儿，有时也会与女儿见面，特别是女儿嫁给了一个上校之后。1894 年 12 月 8 日，他坐在圣彼得堡家中的写字台前，突感不适，在经历了一阵痛苦之后，因心脏病突发去世。终年 73 岁。此后，他的论文集、全集和选集先后出版，原苏联科学院还专门设立了切比雪夫奖学金。

综观切比雪夫的一生，有很多方面值得我们学习和敬仰。他虽然身体有先天疾患，但身残志不残，一直有一个阳光进取的心态。他出身贵族、家道中落，却没有因此而沮丧和彷徨，反而愈发自立和自强。他一路受到母亲、表姐、波格莱尔斯基、布拉什曼等良师指教，也薪火相承，通过自己的言传身教将其发扬光大，创建彼得堡学派。他不但学数学、爱数学、教数学，而且做数学，将理论与实践相结合，取得震惊世界的学术成果。要知道，这并不是任何数学家都能做到的，因为正如数学家王元先生所言，交叉学科不简单，需要最好的数学家去做。无疑，切比雪夫属于最好的数学家的行列，他的贡献已载入史册，他的影响也必将永存。

参考文献

1. P. L. Chebyshev. Théorie des mécanismes connus sous le nom de parallélogrammes，*Mémoires des Savants étrangers présentés à l'Académie de Saint-Pétersbourg*，1854(7)：539－586.

2. P. L. Chebyshev. Sur l'interpolation dans le cas d'un grand nombre de donnees fournies par les observations，Liouville's J. Math. Pures App. 1858 (3)：289－323.

3. P. L. Chebyshev. Sur les questions de minima qui se rattachent à la représentation approximative des fonctions，Mém. Acad. Sci. Pétersb.，1859(7)：199－291.

4. Rivlin，Theodore J. The Chebyshev polynomials. Pure and Applied Mathematics. Wiley-Interscience［John Wiley & Sons］，New York-London-Sydney，1974.

5. J. J. O'Connor and E. F. Robertson. Pafnuty Lvovich Chebyshev. MacTutor History of Mathematics.

6. John Albert，Pafnuty Chebyshev，Steam Engines，and Polynomials. www2. math. ou. edu/~jalbert/chebyshev. pdf.

7. Gezim Basha. Rotation to approximate translation using the Chebyshev Linkage. http://www. gezimbasha. com/rotation-to-approximate-translation-using-the-chebyshev-linkage.

8. K-G. Steffens. The History of Approximation Theory：From Euler to Bernstein，Springer，2006.

9. Jan Brinkhuis，V. Tikhomirov. Optimization：Insights and Application，Princeton University Press，2005.

10. B. N. Delone. The St. Petersburg School of Number Theory，American Mathematical Society and London Mathematical Society，History of Mathematics，Volume 26.

11. 孙永生. 函数逼近论(上). 北京：北京师范大学出版社，1989.

12. 孙永生，房艮孙. 函数逼近论(下). 北京：北京师范大学出版社，1990.

13. 孙永生. 逼近与恢复的优化. 北京：北京师范大学出版社，2005.

第十一章 万圣节时说点与鬼神有关的数学

　　万圣节(Halloween)，又称鬼节，为每年的 10 月 31 日。作为数学人，仿佛只有在节庆中品出数学的味道才会有某种存在感和满足感。乘兴漫步数学花园，竟然有幸拾得几个与鬼神多少有关的数学掌故，聊以心慰，且与诸君共享，比如吸血鬼数、康托尔函数、骨骼、大魔群、小魔群、魔群李代数、魔群模、魔群月光猜想、纳皮尔之骨、阿涅西箕舌线、兽名数目、超自然数、蛛网图和墓碑等。看到上述魔鬼色彩的数学，你是否能感受到数学无处不在，数学的魔力非比寻常呢？许多学生很清楚数学的魔法无边，却畏惧其所谓的艰深而踌躇不前。如果全社会营造出一些数学的话题，相信数学就不再是一条畏途。一些博客、论坛、科普正在担当着这样的角色。德国儿童文学创作家思岑斯伯格在 68 岁时出版力作《数字魔鬼》，目的就是为了解除少年儿童学习数学的恐惧。

　　魔鬼不仅有凶神恶煞之义，还可以形容鬼斧神工的艺术、严格的训练、完美的身材以及杰出的艺术家。唐代浪漫主义诗人李贺虽在 26 岁英年早逝，但因其诗歌具有波谲云诡、迷离恍惚的鬼魅风韵，素有"诗鬼"之称。西方有很多关于魔鬼的传说，比如《圣经》中的恶鬼，别名撒旦，传说原为天使，因犯罪被打入地狱，从此专与上帝作对，成了诱人犯罪的恶鬼。在中国也有驱除鬼怪的传统，"千门万户曈曈日，总把新桃换旧符"描写的就是人们在新年用门符来"驱邪"和躲避瘟疫。对于中国人，最熟悉的鬼故事大概就是清代著名小说家蒲松龄的《聊斋志异》了。但是中国古代科举考试把数学打入了冷宫，我们不但未能看到像西方那样的现代数学，也未能出现这类聊斋味道的趣味数学。如果大家有兴致，就让我们用上面有点鬼魅色彩的数学掌故来做背景和道具，演绎一部万圣节的数学聊斋吧。

1. 吸血鬼数

图 **11.1**   莱斯和皮寇弗/维基百科

　　恐怖片里有吸血鬼，数学上有一种数以吸血鬼命名。吸血鬼（vampire）是传说中的超自然生物，通过饮用人类或其他生物的血液，能够令自身长久生存下去。在以吸血鬼小说出身及闻名的美国作家莱斯的笔下，吸血鬼在很多方面都与人类相似，但是却隐秘地生活着。吸血鬼数（vampire number）就是对这一特点的一种数学刻画。吸血鬼数是傅利曼数（Friedman number）的一种。傅利曼数是在给定的进位制中，能够用组成数字通过四则运算、括号和幂组成式子，结果是自己的数，例如 347 是一个傅利曼数，因为 $347 = 7^3 + 4$。吸血鬼数则限制运算为乘法，它是从合数 v 开始，该合数为 n 位数(且 n 为偶数)，然后用 v 的各个数字组成两个 $n/2$ 位数的正整数 x 和 y(x 和 y 不能同时以 0 为个位数)，若 x 和 y 的积刚好就是 v，那么 v 就是吸血鬼数，而 x 和 y 则称为尖牙(fangs)。

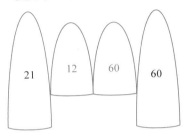

图 **11.2** 尖牙/作者

例如 1 260 是吸血鬼数，21 和 60 是其尖牙，因为 $21 \times 60 = 1\ 260$(如图 11.2)。可是 $126\ 000 = 210 \times 600$ 却不是吸血鬼数，因为不存在符合"吸血鬼数"定义的乘法分解。又例如 1 023 是 31 和 33 的积，但 31 和 33 并没有用到原数的所有数字(例如 0)，所以 1 023 不是吸血鬼数。

吸血鬼数是由皮寇弗于 1994 年在 Usenet 社群 sci. math 的文章中首度提出的。后来他将吸血鬼数写入 "*Keys to Infinity*" 一书的第 30 章。最初的几个吸血鬼数为：

1260， 1395， 1435， 1530， 1827， 2187， 6880，
102510，104260，105210，105264，105750，108135，110758，
115672，116725，117067，118440，…

想一想，题 你能把它们分解成它们的尖牙之乘积吗?

一个吸血鬼数可以有多对尖牙，例如

125460＝204×615＝246×510，

13078260＝1620×8073＝1863×7020＝2070×6318，

16758243290880＝1982736×8452080＝2123856×7890480＝2751840×6089832＝2817360×5948208。

还有 4 对、5 对尖牙的吸血鬼数。第一个具有 5 对尖牙的吸血鬼数是在 2003 年才被发现的。它有 14 位数。有些类型的吸血鬼数可以用公式表达。比如记：

$x＝25×10^k＋1$，

$y＝100(10^{k+1}＋52)/25$。

那么可以验证 🟡题 $v＝xy$ 就是以 x 和 y 为尖牙的吸血鬼数。

伪吸血鬼数和一般吸血鬼数不同之处在于其尖牙不强制是 $n/2$ 位数的数，故伪吸血鬼数的位数可以是奇数。把这样的数称为弱吸血鬼数可能更合适。

2002 年，里维拉定义了质吸血鬼数（prime vampire number），亦即尖牙是质因子的吸血鬼数，第 1 个质吸血鬼数是 117067＝167×701。第 2 到第 5 个质吸血鬼数是：

124483，146137，371893，536539。

皮寇弗是 IBM 沃森研究院的生化学家，也是一位作家和编辑，经常在数学和科幻方面写科普文章，至今有超过 30 本关于电脑与创意、艺术、数学、黑洞、人类行为和智慧、时间旅行的书。除了吸血鬼数，他还定义阶乘数（factorion）、杂耍数列（juggler sequence）等许多概念。吸血鬼数悄悄地隐身于我们的庞大的数学系统之中，但至今仍然有许多没有被发现。原来吸血鬼数、尖牙这些名称只是名字有些可怕和触目惊心，看来发明者取这样的名字只是为说明它们的内涵，表达一种神奇吧。

2. 恶魔楼梯

　　函数是数学中的一个重要名词，从中学开始便进入我们的视线，但不同的时期不同的科目里对它的定义形式也不同。有一种连续函数叫康托尔函数（Cantor function），又被称为恶魔楼梯（devil's staircase）。为什么撷此恶名呢？原来这个函数的图像看似陡峭，但是它的导数却几乎处处为零。这就是说，它的图像几乎处处是平稳的，但是它又实现了大幅度变化。谁要是从这样的楼梯下楼，一定有下地狱的感觉。如果配上山多尔的钢琴第 13 练习曲"恶魔楼梯"（The devil's staircase）一起听，更是觉得脚下一步一颤。特别是最后结尾处，音箱的回音让人感觉到身临其境。下面让我们来感受一下恶魔是如何施展法力的吧。

　　首先，我们定义康托尔集 C：

　　将基本区间 $[0，1]$ 用分点 $1/3$，$2/3$ 三等分，并除去中间的开区间 $(1/3，2/3)$，把余下的两个闭区间各三等分，并除去中间的开区间 $(1/9，2/9)$，$(7/9，8/9)$。然后再将余下的四个闭区间用同样的方法处理（如图 11.3）。

图 **11.3**　构造康托尔集/作者

　　把这样的步骤继续进行下去，我们得到了一个由无穷多开区间组成的开集 $G=(1/3，2/3)\bigcup(1/3^2，2/3^2)\bigcup(7/3^2，8/3^2)\bigcup(1/3^3，2/3^3)\bigcup(7/3^3，8/3^3)\bigcup(19/3^3，20/3^3)\bigcup(25/3^3，26/3^3)\bigcup\cdots$。康托

尔集为其余集：$C=[0，1]-G$。

下面，我们在$[0，1]$区间上定义康托尔函数：

引进$[0，1]$中小数的三进制表示来考察，例如 $1/3(10)=0.1(3)$（括号中的数表示进制），$2/3(10)=0.2(3)$，$1/9(10)=0.01(3)$，$2/9(10)=0.02(3)$，$7/9(10)=0.21(3)$，$8/9(10)=0.22(3)$，但是 $1/3$ 又可表示成 $0.02222\cdots(3)$，这里约定用无限表示。基于此可以发现，$(1/3，2/3)$区间中的数用三进制表示时，第一个不为 0 的数一定是 1。归纳可证，G 中的点，表示成三进制时，必有一位为 1，而 $C=\{0.x_1x_2x_3\cdots(3)：$ 每个 x_i 为 0 或 2$\}$。

现在定义函数 $f：C\rightarrow[0，1]$，对 C 中任意一点 x，将 x 用三进制表示：$x=0.x_1x_2x_3\cdots(3)$。令 $y_i=x_i/2$，则定义

$$f(x)=0.y_1y_2y_3\cdots(2)。$$

则对 G 中区间的端点，函数值相等。如

$$f(1/3)=f(0.02222\cdots(3))=0.01111(2)=0.1(2)，$$
$$f(2/3)=f(0.2(3))=0.1(2)=f(1/3)。$$

其他区间端点同样可得。下面一段的描述用到实变函数中测度的知识。

将 f 的定义域扩展到$[0，1]$，使 G 中区间里的所有点的值定义为端点的值。由于 C 中没有孤立点，且 f 在 C 上是单调的，这样 $f：[0，1]\rightarrow[0，1]$，是连续的。这个函数在$[0，1]\setminus C$ 上是可导的，且导数恒等于 0。而 C 的测度为零，所以康托尔函数的导数在$[0，1]$上几乎处处为零。

如果读者感觉康托尔集和康托尔函数的定义稍微复杂一点，可以看看康托尔函数前 3 步的图示（如图 11.4），就会对这个恶魔的楼梯有一个直观的体验。

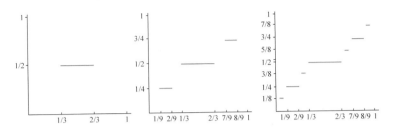

图 **11.4**　康托尔函数前 3 步/作者

　　我们注意到康托尔函数是重复地在小区间上三等分进行的。题能否对此进行一些改变呢？

　　《中国证券报》在 2011 年曾刊登过一篇股市分析文章，作者观察到，从图形线条上升的表面来看，股市中某些股票的分时图形和恶魔的楼梯图形相似，说如果发现了这样的分时图形，对于投资者的即时投资决策将起到很好的作用，可以快速获得最佳的短线收益。作者建议一旦具有恶魔的楼梯分时放量图形出现，投资者可据此做出投资决策。信不信只能由读者判断。也曾有人连续杀人作案，竟然是按恶魔楼梯的公式进行的。一个人把数学用到穷凶极恶的地步，很可悲，也不是数学的本意。侦探们学好数学可能会对断案有所裨益。

　　Q康托尔函数不是唯一的恶魔楼梯。闵可夫斯基问号函数（Minkowski question mark function）号称光滑恶魔楼梯，柯尔莫哥洛夫的圆映射（Kolmogorov's circle map）由阿诺尔德之舌（Arnold tongues）而得。

　　Q康托尔函数的构造用到了以 3 为底的数字表达。用这个思想我们还可以构造一个"耶路撒冷方块"。这是一个分形，名字来源于"耶路撒冷十字"（Jerusalem cross）（如图 11.5）。在二维空间里，这个分形的前 3 步如图 11.5 中间的图。图 11.5 最右边是"门格海绵"(Menger Sponge)。它有许多奇妙的性质。

图 **11.5**   耶路撒冷十字 /维基百科，作者

这个分形看似简单，因为它不过是重复地做出十字来，但实际操作并不那么容易。十字在每一步缩小的比例一定要适合。这里就可以用到康托尔函数的构造思想。读者可以 **题** 试一下。如果成功的话，我们可以得到图 11.5 最右边的图。

更多的魔鬼楼梯还在等待读者们去寻找。

3. 骨骼和骷髅

骨骼和骷髅在英语里是同一个词 skeleton。谈到骷髅，会使人不觉联想到武侠大师金庸的《射雕英雄传》1983 年版电视剧里的梅超风，她似乎一度成了厉鬼、恶魔的代名词。直到舞蹈家杨丽萍 2003 年版的梅超风面世，重在刻画其灵魂和精神，同时也没有淡化和美化其邪恶，将有害于身心健康的血腥暴力升华为一种悲剧美，才慢慢削弱了她的恶魔印象。

数学里用到骨骼和骷髅的地方不止一个。

在代数拓扑中，把一个 p-骨骼定义为复形 k 的一个单纯子复形(simplicial subcomplex)，即 k 的所有维数至多是 p 的单形(simplices)的集合，记作 $K^{(p)}$。

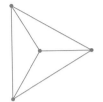  

图 **11.6** 单纯子复形 /作者

把一个多面体的面以其顶点和边代替，得到的图形就是多面体的 0-骨骼或 1-骨骼。上面的图形就是对应的 4 面、6 面和 8 面柏拉图立体(platonic solids)骨骼的多面体图形(如图 11.6)。有 n（$n=4，5，6，\cdots$）个顶点(graph vertices)的不同胚的骨骼数量 $N(n)$ 为 1，2，7，18，52，$\cdots$ 这是斯隆得到的结果。

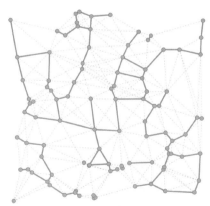

图 **11.7** β-骨骼 /维基百科

"β-skeleton"是一个比较新的数学概念，1985 年才被提出。在这里，我们把它翻译成"β-骨骼"(如图 11.7)。这个名字来自于形态分析中的拓扑骨骼(topological skeleton)。这个概念更接近于人体骨骼的概念。

在计算几何和几何图论里，β-骨骼是一个在欧氏平面上由一个点集形成的无向图。具体地，设 β 为一个正实数。由 β 定义角 θ 如下：

$$\theta = \begin{cases} \sin^{-1}\dfrac{1}{\beta}, & \text{当 } \beta \geqslant 1 \text{ 时}, \\ \pi - \sin^{-1}\beta, & \text{当 } \beta \leqslant 1 \text{ 时}. \end{cases}$$

给定平面上的两个点 P 和 Q，设 R_{PQ} 为平面上所有使得 $\angle PRQ > \theta$ 的点集。这个点集叫作 P 和 Q 的禁区（forbidden region）。再假定 S 是平面上的一个点集，其中 P 和 Q 是 S 中的两个点。如果 R_{PQ} 中不含有 S 的其他点，那么线段 PQ 就在 S 的 β-骨骼中。图 11.7 是两个由 100 个随机产生的点所成集合 S 产生的 β-骨骼。粗实线是当 $\beta=1.1$ 时的 β-骨骼，虚线则代表当 $\beta=0.9$ 时的 β-骨骼。关于 β-骨骼，目前有很多研究，还有不少没有解决的数学猜想。

上面的两个例子对一般读者可能太深奥了。骷髅塔（skeleton tower）是一个初等数学的例子（如图 11.8）。

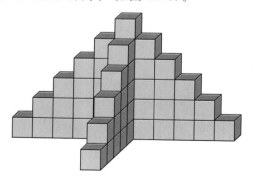

图 **11.8** 骷髅塔/作者

上面的骷髅塔是由若干方砖组成。其实它的样子并不是很恐怖，跟骨骼和骷髅也不相像。它的原型是海岸线上的铁架灯塔。一个典型的问题是，当塔层数为 n 时，问需要多少方砖。这是一个锻炼学生观察总结模式的题目，在美国中学里用得很多。我们也可以把骷髅塔做一些变异，比如题金字塔的方砖数或者隐藏的砖面数等。我们已在第九章"美妙的几何魔法——高立多边形与高立多面体"里更多地谈单位立方体的组合。

题下图中每个小方块的边长都是 1 cm（如图 11.9）。每一步加 4 个小方块，请问在第 20 步时，它的体积和表面积是多少？

第1步　　第2步　　第3步

图 **11.9**　方块图 1/作者

题下面分别是一个由若干小方块叠加出的立体的正面、上面和侧面投影图（如图 11.10）。请问它最少需要多少个小方块？

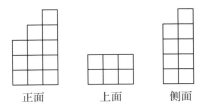

正面　　　上面　　　侧面

图 **11.10**　方块图 2/作者

题下面的立体中的每一个小方块都至少有一面是和另一个小方块对在一起的（如图 11.11）。请问至少需要多少个小方块才能做出这样一个形状？

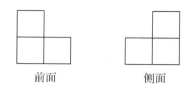

前面　　　　　侧面

图 **11.11**　方块图 3/作者

4. 魔群家族

在本节里我们介绍大魔群（monster group）、小魔群（ baby monster）、魔群李代数（monster Lie algebra）、魔群模（monster module）及魔群月光猜想（monsterous moonshine conjecture），看到这一串儿名字，大家是否感觉这是一个魔幻家族呢？这个家族到底有何魔力呢？数学家外尔曾说："20 世纪是抽象代数学的魔鬼和拓扑学的天使争夺数学灵魂的时期。"可以想见，当时抽象代数学和拓扑学在数学发展中的迅猛和胶着之势。当大魔群首次在数学中展露真容时，普林斯顿物理学家戴森写道："我内心有一个不被任何事实或证据支持的希望，也就是希望 21 世纪的物理学家能够在宇宙结构中以意想不到的方式偶然发现大魔群"。

大魔群又称友善巨人（the friendly giant）或费舍尔－格里斯大魔群（Fischer-Griess Monster），是大约在 1973 年被德国数学家费舍尔和格里斯预见到的，是有限单群。有限单群是指除了单位元群以外没有其他正规子群的有限群，是有限群结构的基石和群论研究的中心。有限单群的分类定理已在 1980 年宣告证明结束，是数学史上最庞大的定理，整个结果由 500 多篇论文组成，在各种数学杂志上占了约 15 000 页版面。有限单群的列表包含了 18 类数量为可数无限的群，以及 26 个不包含在那 18 类群中、尚未为其找到一个系统化模式的"散在群"（如图 11.12）。大魔群是那 26 个散在群中阶最大的群。同时除了其中 6 个群外，其余所有的散在群都是大魔群的子集合。格里斯称那 6 个不为大魔群子集的群为"贱民"（the pariahs），称其他散在群为"快乐大家族"（the happy family）。大魔群可看作是有理数上的一个伽罗瓦群，也可看作是一个胡勒维茨群，也可定义为同时包含康威群和费舍尔群的有限单群中阶最小者。

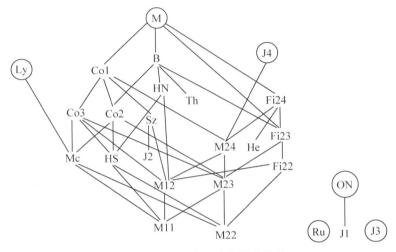

图 **11.12**　散在有限单群/维基百科

可能大家会对大魔群的名字由来感兴趣。前面我们说它是散在单群中最大的一个，因其阶数甚至比宇宙中的基本粒子数更大，所以才被人们称为魔。大魔群的准确元素个数是：

808017424794512875886459904961710757005754368000000000，

这个数大约为 8×10^{53}，描述的是 196 883 维空间中格的对称性。

正是由于大魔群如此庞大，一开始数学家们并未直接将它构造出来，只能指出其存在性。发现大魔群的格里斯，也是数月后才计算出大魔群的元素个数。而大魔群的直接构造是在 1980 年，但 1982 年才发表，格里斯提出了一个名为格里斯代数的代数结构，大魔群恰好是其自同构群，亦即恰好刻画了格里斯代数的所有对称性。格里斯代数的维度是 196 884，比 196 883 多 1。

同时，在数学的模形式(模形式是复平面上满足一定性质的函数，与椭圆曲线密切相关。)理论中，有一个椭圆模函数 $j(\tau)$，可以展开成傅里叶级数：

$$j(\tau) = q^{-1} + 744 + 196884q + 21493760q^2 + 864299970q^3 + 20245856256q^4 + \cdots，其中 q = e^{2\pi i\tau}。$$

第 2 个傅里叶系数 196 884 正好是格里斯代数的维数。当马凯在 20 世纪 70 年代末将这个发现告诉康威时，他们并不认为这是一个单纯的巧合。康威曾设想过小魔群、中魔群和大魔群，但中魔群不存在，就确定了小魔群和大魔群这两个名称。其中小魔群有 4×10^{33} 个元素，但仍比康威群稍大。康威和另一位数学家诺顿随后发现，$j(\tau)$ 的其他傅里叶系数也与大魔群的不可约表示的维数存在密切关联，即这些傅里叶系数可以表示为不可约表示维数的一些线性组合。

在这些基础上，康威和诺顿提出了魔群月光猜想：存在一个基于大魔群的无限维代数结构，通过大魔群的不可约线性表示，恰好给出了 $j(\tau)$ 的所有傅里叶系数，而大魔群的每一个元素在这个代数结构上的作用，都自然地给出了与某个群相关的模形式。这里的"月光"也不是指月亮那柔和浪漫的光线，而是指空谈和妄想。起初大部分数学家并不相信大魔群与椭圆模函数之间有联系，因而就用虚幻的"月光"友好地表示反对。

不久，数学家们构造出了一个特殊代数结构，即魔群模(monster module)，被认为极有可能是满足魔群月光猜想的那个代数结构。联系着有限群论中的大魔群与数论中的 $j(\tau)$ 的魔群模，实际上是一个高维空间中的弦理论，表达的是某个高维空间中的可能的物理理论。数学的两个不同分支，通过理论物理被联系了起来。

接下来，证明魔群模满足魔群月光猜想的工作在 1992 年由博彻兹完成，证明过程中用到他在 1986 年发展起来的顶点算子代数以及广义的卡茨-穆迪代数（即魔群李代数）。博彻兹得出一系列新的恒等式，它们还与数学物理的前沿有密切关系。为此，他获得 1992 年第一届欧洲数学会大会奖以及 1992 年度伦敦数学会怀特海奖，还被选为英国皇家学会会员。1998 年他于柏林获得菲尔兹奖。我们说这不仅仅是博彻兹的个人荣耀，也是这个魔幻大家族的集体智慧和荣耀。

5. 阿涅西箕舌线

玛利亚·阿涅西（以下简称阿涅西）是一位女数学家，亦是一位神童，出生于意大利的一个富裕家庭。她的父亲彼得罗·阿涅西是博洛尼亚大学（University of Bologna）的数学教授，历经 3 次婚姻，共育有 21 个子女，阿涅西是他与第 1 任妻子所生的长女。阿涅西天生聪颖，9 岁时就精通拉丁语、希腊语、德语和希伯来语等多种语言。1738 年出版《哲学命题》。1748 年用意大利文出版的《分析讲义》被公认是第 1 部完整的微积分教科书之一。阿涅西还是一个梦游症患者，她曾在梦游状态下进行研究，解决了醒时没有完成的问题，醒来连她自己也感到神奇。她的名字常常与箕舌线连在一起，称为阿涅西箕舌线。

阿涅西箕舌线是平面曲线的一种，英文名为 witch of Agnesi，中国译者根据这种曲线的形状称它为阿涅西箕舌线，而在西方，witch 是女巫、巫婆的意思，曲线名称的由来是翻译史上不折不扣的一桩错案。

费马曾研究过阿涅西箕舌线并给出其方程。牛顿曾做出这条曲线的图形。1703 年，格兰弟也做出它的一个图形。1718 年，格兰弟依其形状用拉丁语将其命名为"versoria"，是"帆绳"的意思。接着，格兰弟用意大利语"versiera"来表示拉丁语的"versoria"。阿涅西在《分析讲义》中把这条曲线称为"la versiera"。科尔森在 1760 年临终前，将《分析讲义》译为英文，1801 年正式出版。科尔森将"la versiera"误认为"l'aversiera"，而后者的意思是巫婆或者女巫，于是就有了 witch of Agnesi，也为这种曲线徒增了神秘色彩。对于这条曲线的名称由来还流传有其他说法，但经考证上述说法是最可靠的。

给定一个圆和圆上的一点 O。对于圆上的任何其他点 A，作割线 OA。设 M 是 O 的对称点。OA 与 M 的切线相交于 N。过 N 且与 OM 平行的直线，与过 A 且与 OM 垂直的直线相交于 P。则 P 的轨迹就是箕舌线（如图 11.13）。

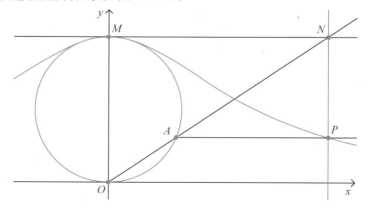

图 **11.13**   阿涅西箕舌线/维基百科

　　箕舌线有一条渐近线，它是过 O 的切线。设 O 是原点，M 在 y 的正半轴上。若圆的半径是 a，则箕舌线的方程为 $y = \dfrac{8a^3}{x^2 + 4a^2}$。

特别地，当 $a = 1/2$ 时，箕舌线可化为最简单的形式：$y = \dfrac{1}{x^2 + 1}$。

　　箕舌线也可以用参数方程表示。如果 θ 是 OA 与 x 轴的夹角，则其参数方程为：$x = 2a\cot\theta$，$y = 2a\sin^2\theta$。

　　箕舌线的主要性质为：箕舌线与渐近线之间的面积是圆面积的 4 倍，即 $4\pi a^2$。

　　若箕舌线绕着渐近线旋转，则所得旋转体的体积为 $4\pi^2 a^3$。

　　箕舌线的重心为 $\left(0, \dfrac{a}{2}\right)$。下面是当 $a = 1$，$a = 2$，$a = 4$ 和 $a = 8$ 时的阿涅西箕舌线图形（如图 11.14）。

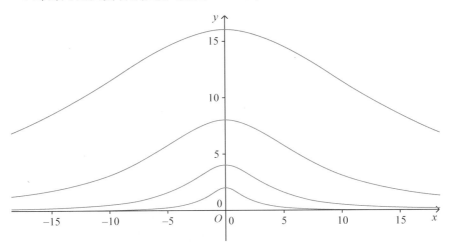

图 **11.14**　当 $a = 1$，$a = 2$，$a = 4$ 和 $a = 8$ 时的阿涅西箕舌线 /维基百科

　　箕舌线除了理论性质外，也有许多现实的应用，比如在 20 世纪末和 21 世纪初，已经出现在一些描述物理现象的数学模型

当中。

一个奇怪的曲线名字原来出自于翻译的粗心，这真是够奇迹的。好在我们中国人没有将错就错。

Q 但是你能想象吗？类似的错误还出现在另一条曲线上，而这一次我们中国人就随了大流。这条曲线叫作"魔鬼曲线"（Devil's Curve）（如图 11.15）。事实上，这是一个曲线族，有些还挺漂亮呢。两次错误的翻译都在意大利，让人猜想这其中会不会有文化上的原因？是否还有其他类似的错误？无论如何，这个现象说明我们在翻译外文时真的要格外小心。

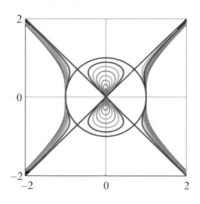

图 11.15　魔鬼曲线族/维基百科

现在我们稍微休息一下，题 一起做一道练习题：7 个小矮人每人用 1，2，3，4，5，6，7 这 7 个数字中的一个，而且只使用一次组成一个 7 位数（例如，3175426 是他们的号码之一）来生成一个 7 位数的号码。巫婆盯住这些数字，她想寻找这样的成对数字（a，b），使 b 为 a 的倍数，但 a 不等于 b。请问有多少对？

6. 兽名数目

兽名数目（number of the beast）是一个记载于《圣经》的《启示录》的特别数目，与"兽名印记"有关。早期不同版本的《启示录》对兽名数目的看法存在分歧，除了被公认为是最古老的 666 以外，还有 616，665。2005 年，考古学家在尼罗河附近发现了一些莎草纸残片，其中有至今发现最古老的《启示录》抄本，上面记载的兽名数目是 616，是该数目现有的最早记录。但是今天，最常见的兽名数目仍是 666。

对于兽名数目，其中一种解释认为它是隐藏着反基督名字的密码。最广为人知的解码方法是给 26 个英文字母赋值 $A=100$，$B=101$，以此类推。希特勒的姓"HITLER"加起来就等于 666，但条件严格：要从 100 开始，不可包括名字，要用特定的语言（用西班牙语的结果是 668）。有人认为 666 代表用希伯来字母写的"尼禄恺撒"，即 $666=200(r)+60(s)+100(q)+50(n)+6(w)+200(r)+50(n)$，其中从右往左书写公式中的字母，得到 Nrwn Qsr，这正是尼禄恺撒的希伯来文名字。另外，666 在罗马数字中是 DCLXVI，有人提出这是 Domitianus Caesar Legatos Xti Violenter Interfecit 的首字母缩略词，意思是"残杀基督使者的皇帝图密善"。曾有人把某人的名字或头衔与 666 拉上关系从而"证明"其是反基督者。其中之一是教宗，因为用罗马数字取代教宗的正式头衔"Vicarius Filii Dei"（即天主圣子在世代表）的字母，稍加修改，就得出数字 666。但天主教百科全书则否认这一词是教宗的正式称呼。部分基督教的末世学说指出，《启示录》预言反基督者会在"大患难"（tribulation）期间利用兽名印记控制世界。字面上说的是在皮肤上写上数字 666，随着科技发展，一些基督徒认为印记可能是指植入体内的芯片等。还有人认为印记就是商品条码，因为在商品条码中代表"6"的数字无论从左至右或从右至左的表示方法都一样，所以被用作两组条码之间的分隔线。有人因此而认为这些条码都含有"666"这个兽名印记，甚至"推断"未来的人不再需要身份证，而是把条码印在额头上，不过这个推断结果没有实现过。根据《圣经》，有人推断"666"代表人类。认为 7 才是"完满数字"，所以有 7 火舌（seven tongues of flame）、7 属灵的恩赐（seven spiritual gifts）、一星期有 7 日等。认为 6 是"缺憾数字"，因为 6 比 7 少 1，所以 666 象征极度的缺憾，也代表充满缺憾的人，而 777 则代表上帝。

在数学上，666 有多种含义。666 是第 667 个非负整数。666 是第 333 个双数，又是第 544 个合数。（第 666 个合数是 806＝2×13×31）。666 不是质数，第 666 个素数是 4973。666 不是幸运数，第 666 个幸运数是 5559。666 有 12 个因子：{1，2，3，6，9，18，37，74，111，222，333，666}。666 是史密夫数：$666＝2×3×3×37$，$6+6+6=2+3+3+3+7=18$。666 的数字的调和平均值是 $3/(1/6+1/6+1/6)=6$。666 是第 54 个拥有这个特质的数。在十进制里，666 是第 76 个回文数，亦是两个连续回文素数之和（666＝313＋353）与第 62 个回文合数。666 是第 36 个三角形数，因为 1 至 36 这 36 个整数之和是 666。这刚好是赌场轮盘上的数字总和，所以轮盘又称为魔鬼轮。第 666 个三角形数是 222111。666 是前 7 个素数之平方和：$2^2+3^2+5^2+7^2+11^2+13^2+17^2=666$。

在西方国家里，数字 666 还有特殊含义，就如很多人千方百计避开不祥数字"13"一样，一些迷信的人会尽量避开 666 这个"魔鬼数字"。例如，当 CPU 制造商英特尔于 1999 年推出核心时脉速度为 666.666MHz 的 Pentium III 时，他们命名为"Pentium III 667"，而不按照惯例叫 666。时脉速度为 66.666MHz 的叫"486－66"，466.666MHz 的叫"Celeron 466"，866.666MHz 的叫"Pentium III 866"。又如美国的"666 高速公路"，也因名字与"魔鬼数字"相同不得不改名。

7. 蛛网图

在现实生活中，人们对蛛网图并不陌生，但是否观察过蜘蛛织网的过程呢？蜘蛛织网时，先搭框架，选择一个支点，支点的位置决定网面大小。大蜘蛛吐丝粗、支点相隔远，织的网大。小蜘蛛吐丝细，支点相隔近，织的网相对较小。蜘蛛有 8 只脚，吐出的丝透亮，搭好框架搭后，身体右后的一只脚拖着丝从外向内一圈又一圈地来回跑，直至跑到中心，一个捕捉食物的蜘蛛网也宣告完成。

数学中的蛛网图(cobweb plot)或 Verhulst 图与蜘蛛织网的过程类似，是动力系统中的一种可视化工具，用于研究一维迭代函数的性质，比如逻辑斯蒂映射(logistic map)。运用蛛网图(如图 11.16)，可以推断出初始点被函数反复迭代下的长期状态。给定一个已知的迭代函数 $f:R \rightarrow R$，一条对角线 $y=x$ 和曲线 $y=f(x)$，可以用下面的步骤画出初始点的迭代轨迹。

(1)在函数曲线上取一点，其坐标为 $(x_0, f(x_0))$；

(2)从点 $(x_0, f(x_0))$ 出发，画出到对角线 $y=x$ 的水平线，交点坐标为 $(f(x_0), f(x_0))$；

(3)从点 $(f(x_0), f(x_0))$ 出发，画出到曲线 $y=f(x)$ 的垂直线，交点坐标为 $(f(x_0), f(f(x_0)))$；

（4）按第 2 步要求重复作图。

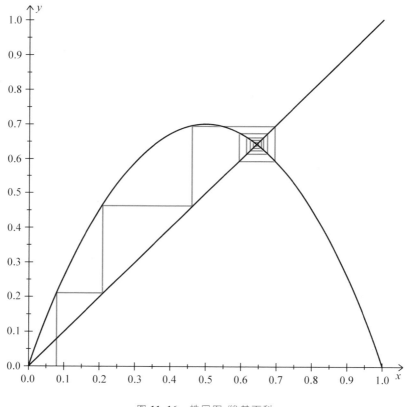

图 11.16　蛛网图 /维基百科

　　在蛛网图上，一个稳定的固定点对应一个内螺旋，而不稳定的固定点对应一个外螺旋。它遵循从一个初始点出发，这些螺旋线集中于对角线 $y=x$ 与函数 $y=f(x)$ 的图像的交点。周期为 2 的循环轨迹是一个矩形，更大的周期循环产生更复杂的闭路图形。看似混乱的轨迹呈现出一个如图 11.17 所示的填写区域，表明非重复取值是无限的。

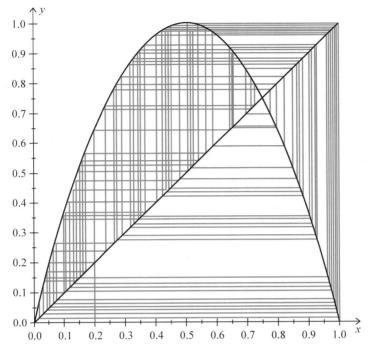

图 **11.17**　多次迭代后的蛛网图 /维基百科

8. 墓碑

作为数学符号，墓碑有几种不同表示形式（如图 11.18），包括
空心或实心的正方形或长方形，因其与纪念逝去之人的墓碑形似，
遂得其名。现在通常用的是实心黑色正方形■。

图 **11.18**　哈尔莫斯符号 /维基百科

对于学习理科的数学人，对墓碑这个数学符号并不陌生。每

当一个证明过程结束，习惯以它作为结束，表示证明完毕。

墓碑（tombstone）又称为哈尔莫斯符号（Halmos symbol），以数学家哈尔莫斯的名字命名。哈尔莫斯在数学证明中首先引进了这个符号。他在其《测度论》一书里用符号"█"代替了"Q. E. D."（拉丁语"quod erat demonstradum"的缩写形式）。但他强调这不是他的发明，而是在其他非数学杂志上看到的。哈尔莫斯显然对把这个符号引入数学界很自豪，在自传的最后一段写道："我最近于不朽的贡献是一个缩写和一个印刷符号。"一个缩写是指"iff"（"if and only if"的缩写形式），一个印刷符号就是指这个证明完成符号。"至少有一个慷慨的作者把它归功于'哈尔莫斯'"，他最后说。

9. 结束语

数学的世界五彩缤纷、异彩纷呈。除了上述有些魔鬼色彩的数学之外，还有一些数学与鬼神多少有些关系。比如纳皮尔之骨（Napier's bones）或纳皮尔棒，是纳皮尔发明的一种用来计算乘法与除法，类似算盘的工具。我们在第六章"对数和对数思维"里详细介绍他。纳皮尔还曾根据启示录预言世界末日，相信世界末日将在1688年或者1700年到来。所以当时有人也称他为巫师。不过在那个时代，有科学方面才能的人常常被如此指控而没有任何根据。

对于有些人来讲，鬼神是一种超自然的存在，而数学中恰好有一种数以超自然数命名。那就是斯坦尼兹1910年引入数学的超自然数（supernatural numbers）。超自然数可以精确地描述有限群论中的许多定理，也间接地运用到很多数论的证明中。也许超自然数的名字还在表达数学家或暗示或憧憬某种超自然情态的浪漫幻想吧。

Q 数学上，任何经过严格的逻辑推理而得出的意想不到的结果都可以被看作是数学怪物（尽管其本身可能没有一个奇怪的名字）。沿着这个思路想下去，大家就很容易找到更多的魔鬼、巫婆和怪物。让我们给大家一点提示：处处连续却处处不可微分的魏尔斯特拉斯函数，浑身都是尖刺；全连通却一个点不能少的康托尔的帐篷（Cantor's Teepee），少一个点就全散了；能把一个三维实心球拆开然后做一些移动和旋转就成两个半径不变的球的巴拿赫-塔斯基定理；能填充满一个平面正方形的希尔伯特曲线；塔斯基怪物群，等。

有兴趣的读者可以 题 再找一些与鬼神有关的数学，也可以 题 买些南瓜来雕刻出自己的数学鬼灯（如图 11.19），组织一场欢快的数学万圣节！

图 **11.19**　几个有趣的南瓜灯/Nathan Shields，Cory Poole

参考文献

1. C. A. Pickover. Keys to Infinity. New York：Wiley，1995.

2. E. W. Weisstein. Vampire Numbers. MathWorld.

3. X. J. Yang. Advanced Local Fractional Calculus and Its Applications. World Science Publisher，2012.

4. 依据"恶魔的楼梯"短炒 . http：// stock. hexun. com/2011-09-12/133305824. html.

5. M. Gardner. Martin Gardner's New Mathematical Diversions from Scientific American. New York: Simon and Schuster, 1996: 233.

6. J. Miller. Earliest Uses of Symbols of Set Theory and Logic, 2007.

7. J. H. Conway , S. P. Norton. Monstrous Moonshine, Bull. London Math. Soc. 1979, 11(3): 308－339.

8. J. Conway. A simple construction for the Fischer-Griess monster group, Inventiones Mathematicae, 1985, 79 (3): 513－540.

9. R. Borcherds. "Vertex algebras, Kac-Moody algebras, and the Monster", Proc. Natl. Acad. Sci. USA. , 1986.

10. J. H. Lienhard. "The Witch of Agnesi", The Engines of Our Ingenuity, 2002.

11. S. Gray, "History of the Name 'Witch. '". http://instructionall. calstatela. edu/sgray/Agnesi/WitchHistory/Historynamewitch. html.

12. J. J. O'Connor, E. F. Robertson. Maria Gaëtana Agnesi. http:// www-gap. dcs. st-and. ac. uk/～history/Biographies/Agnesi. html.

13. W. Smith. "Understanding the Book of Revelation", The Stanford Theological Journal, 1996, 74(2): 105－106.

14. (德)思岑斯伯格. 朱显亮, 译. 数字魔鬼. 北京：人民文学出版社, 2008.

15. Evil Number. http://mathworld. wolfram. com/EvilNumber. html.

16. Richard Evan Schwartz. You Can Count on Monsters: The First 100 Numbers and Their Characters, A K Peters, 2010.

17. Steen and Seebach, Counterexamples in Topology.

18. Skeleton. http://mathworld. wolfram. com/Skeleton. html.

第十二章　美国的奥数和数学竞赛

在当今的中国，奥数热持续高温不下，随之而来的是奥数题的难度不断加大，中国学生参加国际奥数竞赛名列前茅自不在话下。相比之下，美国的奥数热没有如此浓烈，学生平时所做的奥数题也极为普通，估计跟中国的奥数题不可同日而语，但真到国际奥数竞赛层次的参赛学生的水平却毫不逊色。实际上，美国大大小小的数学竞赛不在少数，本章试图通过大致介绍美国的一些奥数和数学竞赛来洞悉其中的原委。

1. 美国的奥数和数学竞赛多种多样

美国的奥数和数学竞赛各式各样、种类繁多。下面是美国奥数和数学竞赛的部分清单：

- 奥数（Math Olympiad，http：// www. moems. org）
- 在线数学联盟（Online Math League，http：// onlinemathle-ague. com）
- 数学袋鼠（Math Kangaroo，http：// mathkangaroo. org）
- 数学大联盟杯赛（the Math League，http：// mathleague. com）
- 数学联合杯赛（Mathleague，http：// mathleague. org）
- MathCounts（Mathcounts，http：// mathcounts. org）

- 美国地区数学联盟(ARML，http：//www. arml. com/)
- 美国数学学会举办的全美数学竞赛（AMC，http：//www. maa. org/math-competitions)系列：
  - ○ 10 年级全美数学竞赛(AMC10)
  - ○ 12 年级全美数学竞赛(AMC12)
  - ○ 美国数学邀请赛(AIME)
  - ○ 美国中学数学奥林匹克(USAJMO)
  - ○ 美国数学奥林匹克(USAMO)
  - ○ 美国数学奥林匹克夏令营(MOSP)
- 大陆数学联赛（Continental Mathematics League，http：//www. cmleague. com)
- 圣克拉拉大学数学竞赛（Santa Clara Math Tournament，http：//www. scu. edu/cas/math/mathcontest. cfm)
- 旧金山湾区奥数（Bay Area Math Olympiad，http：//www. bamo. org)
- 曼德博竞赛（Mandelbrot Competition，http：//www. mandelbrot. org)
- 伯克利数学锦标赛（Berkeley Math Tournament，http：//bmt. berkeley. edu)
- 斯坦福数学锦标赛（Stanford Math Tournament，https：//sumo. stanford. edu/smt)
- 加州理工哈维玛德数学锦标赛（Caltech-Harvey Mudd Math Tournament)
- 哈佛-麻省理工数学锦标赛（Harvard-MIT Math Tournament，http：//web. mit. edu/hmmt)

- 火 箭 城 数 学 竞 赛（Rocket City Math League，http：//www. rocketcitymath. org）
- 普林斯顿数学竞赛（Princeton University Mathematics Competition，https：// pumac. princeton. edu/）
- 紫彗数学相约（Purple Comet! Math Meet，http：// purple-comet. org）
- 美国数学达人赛（United States of America Mathematical Talent Search，http：// www. usamts. org）
- 全国互联网奥数（National Internet Math Olympiad，http：// internetolympiad. org）
- 智 谋 国 际 数 学 联 盟 赛（Zoom International Mathematics League）
- 麻省理工女子数学竞赛（Math Prize for Girls）

这些竞赛大体可分为美国民间的数学竞赛和真正的奥数竞赛，有些竞赛看似是地区性的，实际上都是全国性的，甚至是国际性的。大众化的数学竞赛大多是多项选择或单一数字答案（比如"奥

图 **12. 1** 美国的一些数学竞赛组织/网络

数"和"MATHCOUNTS"），但也有像国际奥数那样需要证明的竞赛（比如"旧金山湾区奥数"）。上面是美国的一些数学竞赛组织的图标（如图 12.1）。

2. 美国民间数学竞赛

美国民间的数学竞赛虽然不是顶级层次的比赛，但作为一种兴趣开展得有声有色。下面我们介绍其中比较成功的几个。

先来说美国奥数（Math Olympiads），全称是中小学数学奥数（Math Olympiads for Elementary and Middle Schools，简记为 MOEMS），与我们通常在中国所说的奥数不是一个概念，它只是一个民间组织。它有两个层次，第 1 个层次是 Math Olympiai Division E，是奥数的预备级，是为小学生准备的，目的是让小学生培养数学兴趣，这里的"E"就是"Elementary"的缩写。第 2 个层次是 Math Olympiai Division M，是初中生参加的少年奥数，这里"M"代表的是"Middle"。每年这个组织有 5 次考试，都是在一、二、三月里进行。这个系列到初中就截止了，没有高中级别。如果小学生想要参加数学竞赛，这个考试可能是最好的起点。市场上专门针对它的参考书有："*Math Olympiad Contest Problems*"（Volumes 1，2，3），相信都是考古题，第 1 本包括考题类型介绍；"Creative Problem Solving in School Mathematics"则是专门为中学生编辑练习题。因为这个考试是美国本土的，和很多竞赛班讲的内容接近，再加上时间充裕，所以孩子们觉得容易，可以说是小学生的一个好起点。它的配套书也值得推荐（如图 12.2，其中第 3 本是为初中学生准备的）。另外，《新加坡数学》（*Singapore Math*）和《猛兽学院》（*Beast Academy*）也是不错的书。

图 **12.2**　"美国奥数"参考书 /MOEMS

　　为了给读者一个直观的印象，我们翻译了一次美国奥数竞赛
的考试题。请看下面这张表格中 题 美国奥数 2009 年 2 月 4 日给初
中(6～8 年级)的考试题(如表 12.1)。从 2016 年起，每道题的时间
只是参考，不硬性限制。

表 **12.1**　考试题表

4A	时间：3 min 求从 −2007 到 +2009 的包含这两个数的整数的和。
4B	时间：5 min 已知一个矩形的 3 条边的长度和为 55 cm，每条边的长度都是以厘米为单位的整数，长比宽多 8 cm，求矩形的周长(厘米)。
4C	时间：4 min Jen 从家沿一条笔直的路前行，休息片刻后沿原路返回。图 12.3 是她在任何时刻距家的距离。请问她在这 4 h 的步行中的平均速度是多少(英里/h)？ (1 英里≈1 609.344 m) 图 **12.3**

续表

| 4D | 时间：6 min
已知一本书的页码是从 1 到 384 的不间断整数，请问数字 8 在这些页码里出现多少次？ |
| 4E | 时间：6 min
已知 180 和正整数 N 的乘积是一个完全立方数，请问 N 的最小值是多少？ |

答案分别是：4017，68，5，73，150。美国奥数在一个赛季里共考 5 次，每次 5 题，大约考 30～40 min（从 2016 年起统一为 30 min）。试题和答案在考试前发给老师，各个学校的考试时间不同，由老师自己选择一个时间，让参加的学生考试，学生自己的老师监考。考完后收集起考卷，送回奥数组织。如果一个学校因故未能参加某次考试，还能换一个时间补考，而且补考题是同一套题目。有的周末中文学校里也有奥数班，考题也是同一个。很显然，美国人并不太担心会漏题。

我们再来看看美国另一个民间机构的数学竞赛 MathCounts。它有美国大财团的赞助，算是比较成功的一个。全国胜出者可以在白宫得到美国总统的接见（见第二章"奥巴马和孩子们一起计算白宫椭圆办公室的焦距"）。针对 6～8 年级的中学生，内容覆盖了代数、几何、排列组合和离散型概率，是美国初中的主要数学竞赛。从 1984 年开始，分别通过学校、地区、州级、国家级这 4 级选拔，各级竞赛分成 4 个阶段："快答"（Sprint Round）、"详答"（Target Round）、"团体"（Team Round）和"抢答"（Countdown Round），最终评选出一个个人冠军和一个团体（州）冠军。竞赛以学校为单位，先在学校里海选，然后每个参赛学校可以派出一个由 4 人组成的校队和 6 名个人去参加地区的比赛。优胜出的校队和数名最高分获得者进入州里的比赛。然后用类似的方法选拔出学生参加全国比赛。这样的选拔应该能选出最优秀的学生，但对大多数亚裔集中地区的参赛的学生可能是不公平的，因为他们没有机会参加比赛。"快答"部分有 30 题，每题 1 分，共 40 min，可以用草稿纸，不能使用计算器，答案全部都是数字，没有多项选择题和证明题。它主要是考验学生在有限时间内的解题能力。很多题目都相当容易，但一不小心就可能出错。"详答"部分有 4 小组题目，每组 2 题(每题 2 分，共 6 min)。答案也全部都是数字，但可以使用草稿纸和计算器。这部分题目稍微难一些，主要是考验学生的独立思维能力。"团体"部分是由学生集体答题，每组可以有 1 到 4 名学生，10 道题，共 20 min，最后成绩在组内分享。这显然是对学生们的协调合作能力的考验。最后胜出的学生可以参加"抢答"部分。参加者必须使用心算。地区比赛的优胜者参加州一级的比赛，再能胜出的参加国家一级的比赛。最后得奖者可以前往白宫会见美国总统，他们还可能获得 MathCounts 赞助商的奖学金。为了让读者有更直接的感受，我们在这里摘录 2011 年各级"快答"考试的第 1 题和第 30 题：

　　【学校级第 1 题】25 142＋13 874－3 974 近似到千位的值是多少？

　　【地区级第 1 题】如果一只土拨鼠能在 1.5 天里啃掉 60 磅木头，那么 6 天里它能啃掉多少磅木头？（1 磅≈0.453 6 kg）

　　【州级第 1 题】童子军 324 团计划去登山一天。这个团有 12 个男孩，他们将由 3 位领队带队。那天每个人至少需要 3 瓶水。请问这趟旅行最少需要多少瓶水？

　　【国家级第 1 题】已知两位正整数"AB"的个位数字 B 是十位数

字 A 的 4 倍，请问所有满足条件的正整数"AB"的和是多少？

【学校级第 30 题】$x^2-5x+3c$ 除以 $x-3$，余式为 -12，请问 c 的值是多少？

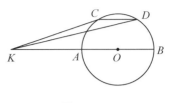

图 **12.4**

【地区级第 30 题】如图 12.4，圆 O 的半径是 6。弦 CD 的长为 8 且平行于线段 KB。如果 $KA=12$ 且点 K，A，O 和 B 共线，请问 $\triangle KDC$ 的面积是多少？答案用最简有理式表示。

【州级第 30 题】52 683×52 683−52 660×52 706 是多少？

【国家级第 30 题】在 $\triangle ABC$ 中，$AB=12$，$AC=9$。点 D 在线段 BC 上，使得 $BD:DC=2:1$。如果 $AD=6$，请问线段 BC 的长是多少？答案用最简有理式表示。

数学大联盟杯赛（the Math League）也不错，其考试形式是选择题，在中国也已经开展起来，这里我们不去予以详述。

有一个与数学大联盟杯赛名称几乎一样的竞赛，叫作数学联合杯赛（Mathleague），其中文名称是我们为了把它和数学大联盟杯赛相区别而翻译的。数学联合杯赛虽还不太出名，但有一个很好的特点，就是考试形式与 MathCounts 完全一样，而且有好几次机会，但又不像 MathCounts，它是开放报名的（除了最后一轮邀请赛）。对于进不了 MathCounts 校队的学生是一个很不错的机会；对于参加 MathCounts 竞赛的学生也是很好的练兵机会。每次竞赛必须有一个承办学校，每次参加竞赛的有数百人。竞赛结果当场公布，考卷和标准答案也当场发回给参加竞赛的学生。这是怎么做到的呢？

Ⓠ我们发现，这是因为它有一个很不错的运作模式：义工＋

科技（如图 12.5）。这与 MathCounts 也是不同的。MathCounts 完全是手工批改考卷。

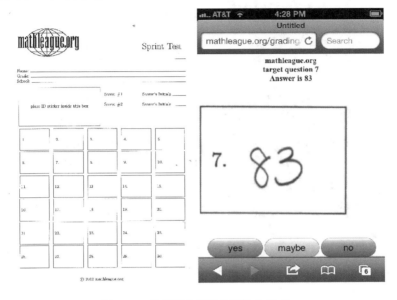

图 **12.5**　数学联合杯赛义工模式/作者

　　虽然每次参加竞赛的有数百人，但数学联合杯赛的组织者有时只有一个人来到现场，甚至有时连一个人都不到场。现场的组织者都是义工，有家长、高中生和大学生等。监考和判卷全部由家长自愿参加。高中生来做义工，可以得到上大学所需的积分（credit），这对于美国高中生考大学是必不可少的。竞赛题目由数学联合杯赛提供，来自大学生义工。这些大学生义工虽有丰富的参赛经验，但毕竟没有太多出题的经验，所以题目的质量不是很稳定，算是美中不足吧。竞赛由各地的中小学或大学自愿赞助，承办单位因此可以得到一定的收入。学生最后的解答必须填写到一张标准的考卷上，以便扫描。

图 **12.6**　正在判考试试卷的义工 /作者

当"快答"部分刚一结束，判卷的工作就立即开始(如图 12.6)。为了判卷，义工们首先把所有的考卷扫描进电脑，通过互联网，传到数学联合杯赛的数据库，在那里进行自动处理。几分钟后，就可以开始通过互联网在自己的智能手机上判卷了。不必担心会有人作弊，因为每次只能看到一道题，根本不知道是谁的考卷。也不必担心有人故意错判，一是没必要，二是每道题都会有三四个人判，有分歧的考题会专门复查。因为是在互联网上判卷，志愿者甚至可以在世界的任何一个角落里参加判卷工作。如果有 250多个考生，那么大约有 1 万道题要判。志愿者一般可以在 2 h 后就全部判完。判完之后，立即选出优胜者参加"抢答"部分(如图12.7)。整个过程，从报名(有些人是当场报名的)到发奖，从上午9 点半到下午 4 点半，所有的考卷都发还到学生所在学校的代表手里，另有详细解答一份，供学生们回去学习。这样的效率真让人惊叹。考场上看似乱哄哄的，其实一切都进行得井然有序。美国数学联合杯赛的经验真值得我们借鉴。

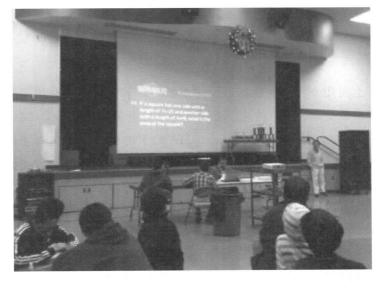

图 **12.7**　胜出的学生正在进行抢答竞赛/作者

最后，我们再来简单介绍一下数学袋鼠(Math Kangaroo)，因起源于澳大利亚而得名。它是一个国际性的数学竞赛，2009 年，有 47 个国家的 500 万学生参加了这个竞赛。但中国似乎没有人参加，美国参加的人也不算多。从这个意义上说，它的奖相对容易得到，可以对参赛者起到鼓励作用。竞赛题分得很细，从 1 年级到 12 年级，每个年级有一份题，时间是每年 3 月的第 3 个星期四。考试形式是多项选择题，30 道题(4 年级以下是 25 题)必须在 75 min内完成。通常考试是在学生们下午放学后。答卷不是当时批改，而是统一收回，结果和解答也是在以后的某个时候通过参赛学校公布。但学生可以保留自己的考题。

最后提一句，有些竞赛不是在几个集中的地点进行的，而是在学生各自的学校，比如火箭城数学竞赛。这对远道不能前往的优秀学生是一个很好的机会。

3. 美国真正的"奥数"

上面几个数学竞赛都是民间组织的，下面我们来介绍正式代表美国数学竞赛水平的一个考试系列，是由美国数学协会（Mathematical Association of America，MAA）举办的。在美国有 4 个大型数学协会：美国数学会（AMS），美国统计学会（ASA），美国数学联合会（MAA）以及工业和应用数学学会（SIAM）。它们分工合作，各自负责一方事务。数学教育是由美国数学联合会负责。自然地，数学竞赛也是由美国数学联合会负责的（如图 12.8）。

图 **12.8**　美国真正的"奥数"路线图 / 作者

美国数学协会办的第一个竞赛是 AMC 数学竞赛，它的全称是"American Mathematics Competitions"。这是真正的美国奥数的起点。AMC 有 3 个级别，分别是 AMC8，AMC10 和 AMC12。大体上说它们分别是为 8 年级、10 年级和 12 年级学生准备的。但并不限制参赛学生的年级。甚至小学生有本事也可以参加 AMC12 竞赛，但高年级的学生不能参加低年级的比赛。有些学校把这个考试作为必考项目，记入学期成绩中。很多学生从 6 年级就开始参加 AMC8，从 7 年级参加 AMC10 考试。AMC8 与 MathCounts 是同一个级别的全国性初中生的数学竞赛。它们的特点就是要快。一年有一次机会。AMC10 和 AMC12 是美国高中生的数学竞赛。一年有两次机会。8 年级的学生虽然还是初中生，但应该把目标放在 AMC10 和 AMC12 或更高级的竞赛上了。值得一提的是，美国数学协会、数学竞赛委员会还邀请中国数学会普及工作委员会开始组织一些国内知名中学的学生参加 AMC 竞赛，考试的题目和形式与美国完全一样。AMC10 的前 1%（一般是 120 分过线）和 AMC12 的前 5%（一般是 100 分过线）的考生会被邀请参加美国数学邀请赛（American Invitational Mathematics Examination，AIME）。虽然 AIME 也有两次机会，但每人只被允许选择其中的一次去参加。按统计数字，大约有一万人能参加 AIME，其中再挑出 500 人参加 USAJMO/USAMO。原中国第 50 界国际数学奥林匹克国家队主教练朱华伟等编辑出版了一本《美国数学邀请赛试题解答》，收集了从 1983 年到 2010 年的全部 AIME 考题。中国也已经有"AMC8 考前辅导班"等以 AMC 为目标的培训班。

在 AIME 考试中胜出的高中生将会被邀请参加更高一个层次的比赛：美国数学奥林匹克竞赛（United States of America Mathematical Olympiad，USAMO），这才是真正代表美国数学水平的美国奥数。USAMO 是 AMC 系列考试里的最后一环。2010 年起又引入了美国少年数学奥林匹克竞赛（United States of America Junior Mathematical Olympiad，USAJMO）。能获得 USAMO 资格对一个学生来说是一个极高的荣誉。2013 年，在 35 万参加竞赛的学生中只有 264 名学生荣获这个资格。其中最优秀的二三十位学生可以参加数学奥林匹克暑期班（Mathematical Olympiad Summer

Program，MOSP）。暑期班的地点大多是在 AMC 的总部所在地，即美国中部的内布拉斯加大学。学生在这里接受强化训练，然后最为优秀的 6 名学生将代表美国参加国际数学奥林匹克竞赛（International Mathematical Olympiad，IMO）。美国队曾经多次获得 IMO 团体总分第一，最为辉煌的年份是 1994 年，6 名队员全部获得满分，这在 IMO 的历史上是仅有的一次。2015 年和 2016 年连续夺得 IMO 团体总分第一。

"美国地区数学联盟"是除了上述美国数学学会的 AMC 竞赛之外的一个具有权威的高中数学竞赛。每年同时在 4 个地点举行，只有 150 个队，大约 2 000 学生参加。在这个比赛中获奖所得到的荣誉不亚于 USAJMO 和 USAMO，但由于名额较少，所以影响不是很大。

4. 在美国接受数学训练的途径

从 35 万人到最后 6 人，这是一条艰苦又危险的道路。但这并不能阻挡美国少年们前赴后继地参加各种各样的数学竞赛。很多人仅仅是为了兴趣，为了检验自己的水平，甚至可能是为了去交朋友、开派对，也有的人可能是因为父母的威逼利诱。当然，如果能在某个竞赛中得到一个名次，那么对以后考大学也会增加一点成功的资本。有一条理由应该没错：在中学里多学点数学总是有好处的。

参加数学竞赛的学生众多，各种辅导班、参考书也很多，这一点很像中国。上面提及的所有竞赛组织都有相应的课程。高中生义工组织数学俱乐部（或数学圈）是一个普遍的形式。最值得介绍的是一家叫作解题艺术（Art of Problem Solving）的网站（如图 12.9）。

图 **12.9** 解题艺术网截图/解题艺术网

解题艺术网上有一个题库"Alcumus"，收集了超过 9 000 道数学题，大多来自以往 MathCounts，MOEMS，AMC 等的试题。内容涉及代数、几何、数论和概率这四方面。而每一方面的题目又有非常详细的分类（概率中就有 27 个子分类）。每道题有两次尝试的机会。它会自动识别用户在某个方面的知识和技巧程度，如果用户比较弱，那么它就给容易一点的题目，反之，就给难度大一点的题目；如果用户完全掌握了一类题目，它会立即结束这类题目。网站会自动记录用户的进步情况（如图 12.10），有多少个子分类通过了，一目了然。时至今日，这个题库仍然是完全免费的。不过好像他们有意在某个时候开始收费。这可能要等到他们进一步丰富完善系统后才会开始。

已经在收费的是它的教材和在线课程。它的教材从初中代数到微积分，应有尽有。其特点是专门为有数学天赋的学生设计，因而比美国普通中学的数学教学大纲要更广更难。最近还加上了小学教材。在教材的基础上，它的下一个系列是一套为参加数学竞赛准备的丛书。这些竞赛包括：MOEMS，MathCounts，AMC，Mandelbrot 数学竞赛、国家奥林匹克、Putnam 数学竞赛和英国数学竞赛。它在 YouTube 上有许多视频。网址是：

http：// www. artofproblemsolving. com/Videos/index. php? type＝amc

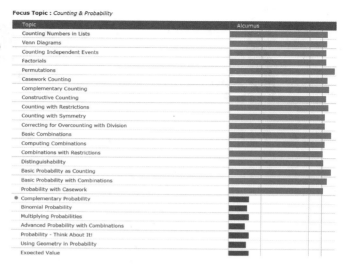

图 **12.10**　网站自动记录的用户进步情况/作者

和

https://www.youtube.com/user/ArtofProblemSolving

　　每个视频的时长都只有几分钟，只讲解一道题。如果每天看一个，只要坚持就一定会非常有益。不过中国大陆的读者可能由于众所周知的原因看不到这些视频。但是如果你能打开 YouTube 网的话，那么类似的频道还有许多，比如"virtualmathcoach"和"virtualmathclub"等。

　　可能最吸引读者的是它的考古题库。它几乎收集了全部 AMC8，AMC10，AMC12，AEMI，USAMO 和 USAJMO 过去的考题和答案，而且全部免费。如此大规模提供竞赛试题的网站恐怕是绝无仅有的了。

　　《解题艺术》这套书在美国学生中非常受欢迎，因为它对应付美国数学入门竞赛很合适。缺点是它以问题为导向，内在逻辑差一点。到高等级竞赛可能就欠缺了。在第 1 卷和第 2 卷之后还有一本《竞赛数学》。还要推荐的是这套书中的《几何导引》(*Introduction to Geometry*)(如图 12.11)。AMC10 中有相当一部分是几何题,但美国中学的几何课相对薄弱:一年的课程里讲平面几何、立体几何、解析几何和三角函数。学生需要自己加强。这本书能帮助学生加强几何解题能力。解题艺术网上还有很多值得介绍的内容,还是请有兴趣的读者自己去发现吧。

图 **12.11** 《解题艺术》(第 1～2 卷,几何卷)/解题艺术网

鉴于解题艺术网为竞赛数学所做出的杰出贡献,数学竞赛世界联合会对其创始人沟鲁斯克授予了保罗·艾狄胥奖。

数学奥林匹克暑期班(MOSP)算是一个荣誉夏令营,不是一般学生可以随便参加的。还有一些收费的数学夏令营,相对容易进。下面是其中的几个。在解题艺术网有更多的介绍。

- A STAR 数学夏令营(A STAR Math Camp,https：// star-league. us/index. php/a-star)
- 真棒数学(AwesomeMath,https：// www. awesomemath. org)
- 数学之路(MathPath,http：// www. mathpath. org)

- IDEA 数学（IDEA Math，http：∥www.ideamath.org）
- 王牌数学（Math Zoom，http：∥www.mathzoom.org）
- 加美数学（USA/Canada Mathcamp，http：∥www.math-camp.org）

A STAR 数学夏令营具有很好的声誉，位于加州。2014 年，它在南加州和北加州各开一个为时 4 周（每周 6 天，每天 6 h 上课）的夏令营（如图 12.12）。当地学生可以走读，外地学生则只有住校了。它有两期，每期 2 周。第 1 期的内容是数论和分析；第 2 期的内容是几何和组合。这些都是美国各个数学竞赛的主要内容。教练全部是往年数学竞赛的佼佼者。真棒数学和加美数学属于比较

图 **12.12**　数学夏令营在上课/作者

难的一类。IDEAMATH 由美国前奥数主教练冯祖鸣和现任主教练罗博深等领导，阵容强大。

A STAR 数学夏令营连美国独立日那天都上课。家长们可能不能理解怎么连独立日都上课。原来，每一个课题都被分为 5 个小课题。缺少一天的课就不能完成进度。以几何为例，这 5 个小课题为：

(1)角、特殊三角形、相似；

(2)长度；

(3)面积、内接圆、外接圆；

(4)三角函数；

(5)解析几何和立体几何。

一般是星期一到星期五上午上课，下午做练习。星期六上午考试，下午讲考试题。孩子回家后还要做作业(30 道题)。作业上的题都是从各类数学竞赛中挑选出来的，多数都不太容易。

遍布美国的还有一个活动叫"数学圈"(math circle)，这类活动都是在大学和中学里常年活动的，组织者多为高中生尽义务，也有老师直接参与的。比如伯克利数学圈(Berkeley Math Circle)就有加州大学伯克利分校的数学教授直接讲课，效果非常好。

5. 美国奥数和数学竞赛的启示

总之，美国的数学竞赛五花八门，多数难度不是太高。目的是激发中学生对数学的热情和享受挑战的快乐，内容上则是强调综合、直觉和创新。虽然参与的学生数量并不是很多，但是真正对数学感兴趣的那一小部分则会格外投入。于是脱颖而出，最终参加国家奥林匹克数学竞赛的 6 个人一点也不逊色于其他国家的

　小选手。如果探究参与数学竞赛人数不多的原因，我们认为是因为美国除了数学竞赛外还有很多的比赛：科学奥林匹克（Science Olympiad）、乐高机器人（FLL，FIRST LEGO League）、头脑创新思维竞赛（DI，Destination Imagination）、拼字比赛（Spelling Bee）、国家地理比赛（National Geographic Bee）、机器人挑战赛（Robot Challenge Contest）、VEX机器人比赛（VEX）、联邦鸭子绘画比赛（Federal Duck Stamp Contest）、数学微电影（Math-O-Vision），还有在美国没有多少人知道却在中国很热的数学建模竞赛（Mathematical Contest in Modeling），以及不但美国人知之甚少而且可能连中国人都不太知道的估计竞赛（Estimathon）等。在这样的情况下，学生们怎么会吊在一棵树上呢？我们预测，随着中国其他类型比赛的日益增加，奥数热自然会降温。

　　从35万人到最后只有6人能参加国际奥林匹克数学竞赛。这是不是意味着绝大多数人都只是为一个金字塔尖儿当了垫底儿的牺牲品呢？其实不然。我们认为，适当参加一些这类活动对开阔学生的眼界、提高思维能力和培养接受挑战的素质都是有好处的。在上面提到的各种各样的竞赛中，数学竞赛是一个不错的选择。很多学生通过数学竞赛或其他竞赛，看到了自己的长处和兴趣所在，交到了一些志同道合的朋友，增强了自信心。更何况从历史上看，很多后来获得了数学大奖和做出杰出成绩的数学家并不都是数学竞赛的幸运儿。

　　奥数作为一项课外活动，它的意义是培养学生的创造性思维习惯。美国奥数队华裔主教练冯祖鸣就职于有美国奥数冠军的摇篮之称的菲利普斯·埃克塞特私立高中，他就曾经尖锐地指出，中国学生的数学优势在中学后戛然而止，进入大学后，"能力可以说很差。因为太习惯被动去等老师给问题，给公式，不能自己创造。"这些话很不入耳，却是其切身体会。他曾是北京大学少年班的学生，现又身处美国作奥数教练，可以说对中美两国的数学教育都有体验。那么他是怎样去培养学生的呢？是否有我们可以借鉴的经验呢？他的授课之道是，不单刀直入讲知识点，而是设计出一些问题情境，让学生自己慢慢证明出定理，从而令他们获得学习的自信和发现的快乐。他会接连不断地问学生一些问题："老师为什么要出这道题目？""这道题目背后意味着什么？""它的模型可以解决哪些实际问题？"等。有多少老师会想到"数学难题背后意味着什么"这样的问题，并提出和探讨呢？这样的问题之所以很重要，是因为会促使学生思考这些问题产生和应用的背景以及出题人的思路，有利于对问题的透彻分析和实际运用。

冯老师有不少得意弟子，脸书创始人扎克伯格就是其中格外耀眼的一个。他曾是冯老师的数学社的核心成员，能有今天的成绩应该多少有冯老师的功劳。扎克伯格善于动脑，在做一个毕业设计时想到，如果能有一种下载完一首歌之后会自动找到网上相同类型的免费歌曲链接的软件，该有多好。于是，他发明了一款MP3播放器插件Synapse，记录人们对音乐的喜好程度，并据此自动排列音乐播放顺序。可以想象，有这样的思维习惯的人，再到哈佛大学里熏陶，创造出脸书就不足为奇了。

2008年好莱坞电影《决胜21点》里"赌圣"原型马恺文也是冯老师的学生。他在埃克塞特高中毕业后，顺利进入麻省理工学院，成为学校"21点小组"成员。在他身上流传着一段美谈。有一次，他和同伴前往赌城拉斯维加斯，依靠强大的计算能力，一晚上就赢走了90多万美元，各大赌场不得不把他列入黑名单。

2007 年从埃克塞特毕业考入哈佛的华裔女孩龚逸然，作为冯老师的学生参加过 5 次奥数比赛，获得 1 金 2 银的好成绩。哈佛大学的一门课程"MATH 55"，素有"世界上最难数学课"之称，专门为数学学霸量身定做，在国际奥数界享有盛誉。龚逸然不但不怕困难，勇敢选修了这门课程，而且她全部作业、测试、考试均得满分，连哈佛这样人才济济的顶级殿堂也为之震惊。

像冯老师这样的老师是可遇不可求的。不过，我们可以按照他的思想来训练自己的学生。让我们来看这样一道美国数学竞赛题：

题 一个英文词的价值由其各个字母的价值的总和来决定。在 26 个英文字母中，让字母 A 到 H 的价值为 5 分，字母 I 到 R 的价值为 7 分，字母 S 到 Z 的价值为 8 分。请问 *mathcounts* 这个词值多少钱？

这是 MathCounts 某年"快答"题的第 1 题，显然不是一个难题。但在解题时会有较笨拙的方法和较聪明的方法。使用笨拙的方法会又慢又易出错。运用巧妙方法不但能节省时间，而且还不易出错。这道题容易让人想起高斯计算从 1 到 100 的和的故事。老师可以带领学生在这道题上多下点功夫，讲完这道题后，把它再稍加变化，做到举一反三。比如，MathCounts 在下一年的"快答"部分各有一道类似但增加了难度的题：

题 英文字母的价值依据下述条件确定：只取 −2，−1，0，1，2 这 5 个值，且从 A 到 Z，它们的值依循环数列 1，2，1，0，−1，−2，−1，0，1，2，1，0，−1，−2，−1，0，…而定。这里给出这个数列的两个周期。已知字母 A 的值是 −2，B 的值是 −1，F 的值是 −2，Z 的值是 2，请问 *numeric* 这个词的全部字母的值之和是多少？

那些认真领悟了前一道题的学生就会立即找到最优办法。下一步呢？下一步可以再做一些变异。正好同年的"详答"题里又有一道变化稍大一些的题目：

题 英文字母的价值为：$A=1$，$B=2$，$C=3$，$\cdots$，$Z=26$。然后用整数的素数因子分解给每一个字母定义一个 9 位数字的数码，第 1 个数是 2 在因子分解中出现的次数，第 2 个数是 3 在因子分解中出现的次数，第 3 个数是 5 在因子分解中出现的次数，等等。例如，因为 N 是第 14 个字母，即 $N=14=2^1 \times 7^1$，所以代表 N 的数码就是 100100000，其中第 1 个 1 是 2 出现的次数，第 4 个 1 是 7 出现的次数。已知下面的表格是一个有 6 个字母的英文词的数码，这里第 1 行是第 1 个字母的数码，第 2 行是第 2 个字母的数码，以此类推，请问这个词是什么？

0	0	1	0	0	0	0	0	0
0	0	0	0	0	0	1	0	0
0	1	0	1	0	0	0	0	0
0	0	0	0	0	0	0	0	0
2	1	0	0	0	0	0	0	0
0	0	0	0	0	0	0	1	0

我们可以再进一步讲这道题及其变异模型能够解决哪些实际问题，最后鼓励学生们自己出题和互考。相信用这种方法教学，会让学生们从数学竞赛和数学小组活动中大有斩获。

总之，取得良好的竞赛成绩不是唯一的目的，我们的目的是锻炼和培养学生们良好的数学思维以及提出、分析和解决各类问题的能力。如果能在这个过程中享受到了快乐，收获到了友谊，或者开阔了视野，增长了见识，则亦是我们所乐见和期望的。

参考文献

1. T. Tao. Solving Mathematical Problems：A Personal Perspective，Oxford，2006.

2. T. Tao. Advice on mathematics competitions. http：// terrytao. wordpress. com/career-advice/advice-on-mathematics-competitions/.

3. S. Lehoczky，R. Rusczyk. The Art of Problem Solving，Volume 1：The Basics，AoPS，2014.

4. S. Lehoczky，R. Rusczyk. The Art of Problem Solving，Volume 2：And Beyond，AoPS，2014.

5. G. Lenchner. Math Olympiad Contest Problems，Volume 1，Math Olympiads，1997.

6. R. Kalman. Math Olympiad Contest Problems，Volume 2，Math Olympiads，2010.

7. 朱华伟，付云皓. 美国数学邀请赛试题解答. 北京：科学出版社，2011.

8. Mathematical Competitions in the United States. http：// www. mathpropress. com/UScontests. html.

9. Math Competitions. http：// www. tanyakhovanova. com/MathOlymp/mathcomp. html.

10. 郑也夫 .【中学科目反思(三)】数学的功能，南方周末，2013.

11. 中国学生数学优势止于中学——专访美国奥数队主教练冯祖鸣. 初中数学教育 .

12. 奥数在中国与国外有哪些区别？北京小升初，2012 年 9 月 14 日 .

13. 日本奥数很"低调"，美国奥数"拼综合". 上海奥数网. 2009 年 7 月 23 日 .

14. 赵明. 奥数不该死——许多菲尔茨奖获得者得益于奥数竞赛. http：// blog. sciencenet. cn/blog-40615-596274. html.

15. 金真. 奥数都能轻易做出缘何惨败美国高考？东方网，2012 年 10 月 29 日 .

16. 胡琳，汪小武. 几种常见的数学竞赛介绍 .

第十三章　美国的数学推广月

4月份是美国数学推广月（Math Awareness Month），主办单位为美国数学会（AMS）、美国统计学会（ASA）、美国数学联合会（MAA）以及工业和应用数学学会（SIAM）。这4家学会都是美国大的数学机构，AMS创建于1888年，主要面向高校和研究所，现有3万多个人会员和570个社团会员；ASA创建于1839年，主要面向统计研究者和使用者，现有约1万8千名会员；MAA创建于1915年，主要面向中学、大专和大学的老师和学生，侧重于教学和学习，现有约两万名会员；SIAM成立于1951年，侧重于实际应用中的数学问题，现有约1万3千个人会员和500个企业机构会员。1994年成立的美国数学协会（AIM），也是美国的一个大的数学机构，但它没有参与这项活动。美国数学推广月的前身是1986年的数学宣传周，至今已有29年的历史。

数学推广月每年都有一个鲜明的主题，人们可以学到许多相关知识。下面我们以2010年，2012年和2013年为例来对它略作介绍。

1. 2010年的主题：数学和体育

2010年的主题是"数学和体育"（如图13.1）。体育运动的科学研究中出现的数据、策略和机遇等问题都是很好的数学课题。除了最简单地给运动员打分以外，数学还被运用于诸如跑车轮胎的

Mathematics Awareness Month - April 2010
Mathematics and Sports

Can a jump shot be made with an initial angle of 30 degrees?

Mathematics can answer this question and many others.
www.mathaware.org

图 **13.1**　2010 年以体育为主题 / 美国数学普及协会

合成、高尔夫球表面模式的动力学模拟、比赛成绩预测、游泳池和游泳衣对速度的影响，等等。科学松鼠会有一篇文章"世界杯的数学预测"，用到了复杂的公式。

数学也被运用到体育教育的研究中。美国数学会为此发表了一篇名为"Mathematics and Sports，Some of the fascinating mathematics of sports scheduling…"的文章（作者：麦克维什），讲的是图论在比赛时间表的安排上的应用。文章引用了近 50 篇文献。到 2010 年 4 月底，已经有了数十篇关于体育中的数学问题的论文发在网上，内容涉及美式足球、棒球、田径、高尔夫球、足球、网球、篮球等。这样的课题还有很多，正在等待数学家与体育工作者一起来研究，以帮助我们用科学的方法而不是投机取巧的方法来建成体育强国。

其实，随着数学文化的普及，在一些重大国际体育比赛期间，也往往会有很多应景的文章谈论与体育相关的数学知识。比如，2014 年世界杯期间就出现了许多有趣的文章，可惜推广月比世界杯早了 3 个月，否则可以借助世界杯的战车取得更好的宣传战果，或者引发更广泛深入的探讨。这一年，世界杯足球有了新的设计"巴西荣耀"（Adidas Brazuca，如图 13.2）。美国国家航空航天局（NASA）的测试表明，新的设计使得足球在没有旋转的情况下变得有规律可循。麻省理工学院的一位教授发现，足球飞过的弯路除了跟球员的技术有关，还跟球本身的光滑程度有关。这也是"巴西荣耀"的一个显著特点。《科学美国人》发表署名文章，介绍了世界杯预测的泊松分布数学模型。英国 BBC 谈了参赛队员的"生日问

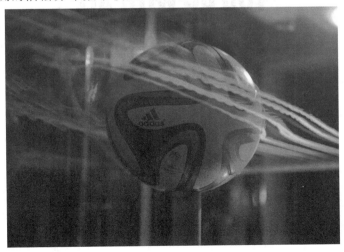

图 **13.2** 2014 年世界杯足球经过了 NASA 的风洞试验 /NASA

题"(birthday problem，也称 birthday paradox)。生日问题是指，如果一个房间里有 23 个或 23 个以上的人，那么至少有两个人的生日相同的概率要大于 50%。

2. 2012 年的主题：大数据

在 21 世纪里，世界悄悄地进入了大数据时代。新生的一类科学家也应运而生：数据科学家。2012 年，数学推广月适时地推出了"数学、统计学与数据洪流"(如图 13.3)。用一句话概括，数据科学家就是一个综合了软件工程师、统计学家和说书人这三种专业技能的，能将金块从像山一样庞大的数据中挖掘出来的专业人士。谷歌的首席经济学家维黎安预测统计学家将会变为最热门的工作。如果仔细阅读他的原文会发现，其实他说的就是数据科学

图 13.3   2012 年数学推广月宣传画/美国数学普及协会

家。他解释说，数据是随处可得，但是将智能从这些数据中萃取的能力却是极短缺的。下面的图比较形象地表现了数据科学家的内涵（如图 13.4）。

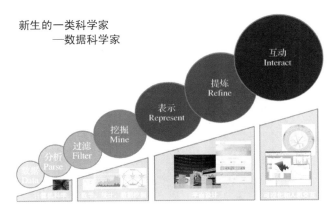

图 **13.4** 数据科学家 /作者

作为一个数据科学家，必须要具备以下 3 个技能：

第一，必须能够处理具有统计意义的数据（统计学家）。大量的数据都储存在有理数据库里，MS SQL SERVER，ORACLE，等等。这些数据当然不是国家统计局根据各省市上报的 GDP 得出一个全国的 GDP，或者国务院新闻办发表《中国互联网状况》白皮书说的"中国现有上百万个论坛"，每天人们通过论坛、新闻评论、博客等渠道发表的言论达 300 多万条（平均每个论坛每天只有 3 个帖子）。那么这些数据大到什么程度呢？举几个例子：比如 twitter 帖子总数超过 200 亿；或者 Google 在一个月里全球访问量达 5 亿次，还有 Google 收集的网页数目（知道 Google 的意思吗？就是 10 的 100 次方）。所以首先必须会用"Select"去获得你所希望的数据，而且，你面对的已经是数据仓库（data warehouse）。

第二，你必须能够处理表面上看也许不具有统计意义的数据（软件工程师）。如果有人在 Twitter 上发言说要"到旧金山"，那么华尔街的股市会不会升？或者有人在 Google 网站上敲入"土豆片"，这对"可口可乐"有无影响。这些数据表面上也许是不关联的，但如果你发现买"土豆片"的人通常会买"可口可乐"，那么你的发现可能具有很大的商业潜力。这就是"数据挖掘"（data mining）。

第三，你必须能够把你的数据表现出来（说书人）。如果你的结果仍然是一堆数的话，恐怕影响会微乎其微。你必须让你的数据图像化，让它们自己说话。颜色、形状、3D、动态。想尽办法吧。互联网上有一个"数据之美"系列可能对你有所帮助，现在就去挖掘吧。

（1）50 个数据图形化工具（上），

（2）50 个数据图形化工具（下），

（3）25 幅令人赞叹的计算机数据图形（Infographics），

（4）20 个出色的 Infographic 网站，

（5）美不胜收的数据图（上），

（6）美不胜收的数据图（下），

（7）Infographics 终极探索，

（8）Twitter 上 140 个最有影响力的人，

（9）50 个精美绝伦的 Infographics（一）（二），

（10）关于墨西哥湾石油。

软件工程师、统计学家和说书人这三种专业的技能，缺一不可。将来要求的技能还会更多。如果你想成为一名数据科学家，那么我们建议你认真地阅读洛瑞卡博士的文章"如何培养一名数据科学家"。他的文章不仅对于个人有用，对于那些需要数据科学家的企业也有指导意义。唯一的缺陷是，他没有提供培养数据科学家的教育资源。但也许这样的资源本来就是一个零。奥赖利出了一本新书《美丽的数据》(*Beautiful Data*)。但是，漂亮的数据不是人为地涂脂抹粉，而是数据科学家们智慧的结晶。

3. 2013 年的主题：可持续发展的数学

　　2013 年数学推广月的主题是"可持续发展的数学"。人们可以学到逻辑斯蒂函数(Logistic function)的概念。一个种群数量 P 的增长的最简单模型(如图 13.5)是假定其增长速度 $\mathrm{d}P/\mathrm{d}t$ 与其成正比，即 $\frac{\mathrm{d}P}{\mathrm{d}t}=kP$。读者可以从直观上 题 想一想，这个模型是现实的吗？事实上，很容易 题 验证，这个微分方程的解是以自然对数为底的指数函数，而我们都知道指数函数的增长速度是惊人的。在一段时间里也许是可持续发展的，但从长远来说显然是不现实的。由于受到资源的限制，种群数量有一个上限 N，叫作"最大持续产量"(maximum sustainable yield，MSY)。

　　相应地我们必须修改我们的模型。将 N 融入进来，我们就有了较为现实的逻辑斯蒂方程(Logistic equation)：$\frac{\mathrm{d}P}{\mathrm{d}t}=kP\left(1-\frac{P}{N}\right)$。

当一开始种群数量 P 很小时，P/N 很小，可以忽略，我们得到的就是最初的简单模型。但是当 P 越来越大并接近 N 时，P/N 近似等于 1，从而种群增长速度接近于 0。于是种群数量下降(如图 13.6)。

　　在自然资源的合理利用方面，我们还要考虑到人类对一些种群(如鱼类和森林)的提取，我们还可以假定有一个提取的数量 H。同时，逻辑斯蒂方程可以修改为：

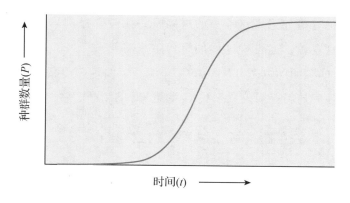

图 **13. 5**　种群数量模型 / 作者

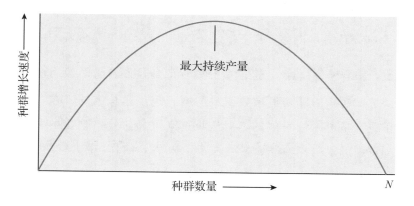

图 **13. 6**　种群增长速度模型 / 作者

$$\frac{\mathrm{d}P}{\mathrm{d}t} = kP\left(1 - \frac{P}{N}\right) - H。$$

通过这个模型，我们可以证明 H 有一个最大的临界值。只有当提取量在这个临界值以下时，整个种群才可以长时间地持续发展。学过微分方程的读者可以 题 考虑这些方程的解。

围绕 2013 年的主题，还讨论了数理统计分布、气候模型和基尼系数等数学概念及其在能源、农业、林业、石油、冰川、城市和渔业方面的应用。可以说内容相当丰富。我们建议读者⚄找一个关于基尼系数(Gini coefficient)的读物来学习一下。

4. 2014 年的主题：趣味数学

2014 年是趣味数学大师加德纳 100 周年诞辰。所以这一年的主题被选为"数学、魔术和玄虚"。我们在"需要交换礼物的加德纳会议"一章里专门介绍他。还有一些章节也属于这个范畴。

5. 数学推广月，一年又一年

每年数学推广月的主题都不一样(如图 13.7)。

图 **13.7**　每年的主题都不一样/美国数学普及协会

下面是历年来数学推广月的主题：

2016 年　预测的未来 The Future of Prediction

2015 年　数学驾驭职业生涯 Math Drives Careers

2014 年　数学、魔术和玄虚 Mathematics，Magic，and Mystery

2013 年　可持续发展的数学 Mathematics of Sustainability

2012 年　数学、统计学与数据洪流 Mathematics，Statistics，and the Data Deluge

2011 年　揭开复杂系统 Unraveling Complex Systems

2010 年　数学和体育 Mathematics and Sports

2009 年　数学和气候 Mathematics and Climate

2008 年　数学和选举 Math and Voting

2007 年　数学和大脑 Mathematics and the Brain

2006 年　数学和互联网安全 Mathematics and Internet Security

2005 年　数学和宇宙 Mathematics and the Cosmos

2004 年　网络数学 Mathematics of Networks

2003 年　数学和艺术 Mathematics and Art

2002 年　数学和基因组 Mathematics and the Genome

2001 年　数学和海洋 Mathematics and the Ocean

2000 年　数学跨越全时空 Math Spans all Dimensions

1999 年　数学和生物 Mathematics and Biology

1998 年　数学和成像 Mathematics and Imaging

1997 年　数学和互联网 Mathematics and the Internet

1996 年　数学和决策 Mathematics and Decision Making

1995 年　数学和对称 Mathematics and Symmetry

1994 年　数学和医药 Mathematics and Medicine

1993 年　数学和制造 Mathematics and Manufacturing

1992 年　数学和环境 Mathematics and the Environment

1991 年　数学是基础 Mathematics-IT'S Fundamental

1990 年　通讯数学 Communicating Mathematics

1989 年　发现模式 Discovering Patterns

1988 年　美国数学 100 年 100 Years of American Mathematics

1987 年　数学美感和挑战 The Beauty and Challenge of Mathematics

1986 年　数学-基础训练 Mathematics-The Foundation Discipline

除了美国的数学推广月外，还有一个世界数学日（World Maths Day），这是由联合国儿童基金会（UNICEF）赞助专为 5 到 18 岁学生创立的网络数学竞赛。第一次活动是在 2007 年 3 月 14 日（即圆周率日）举行的，以后每年 3 月初举办。2014 年没有举办。据说以后将改为两年举办一次。我们只有等到有新消息后再来介绍了。

总体来说，美国的数学推广月虽然取得了一定效果，但影响力还不算太大，其他国家也还未跟进。如何促进少年儿童对数学的兴趣以及民众对数学的认识还是一个值得探讨的问题。这可能远不是一个推广月所能解决的问题。Ｑ近几年来，美国大力推广 STEM 的宣传，其中 STEM 的 4 个英文字母分别代表科学、技术、工程和数学。也就是说，把数学作为这 4 个不可分割的学科的一部分来宣传。这个思路值得借鉴。

参考文献

1. Math Awareness Month. http：//www. mathaware. org/.

2. Joseph Malkevitch. Mathematics and Sports，Some of the fascinating mathematics of sports scheduling...，http：// www. ams. org/samplings/feature-column/fcarc-sports.

3. NASA，NASA Turns World Cup into Lesson in Aerodynamics. http：// www. nasa. gov/content/nasa-turns-world-cup-into-lesson-in-aerodynamics.

4. J. W. M. Bush，The Aerodynamics of the beautiful game. Sports Physics，2013.

5. Michael Moyer. World Cup Prediction Mathematics Explained，Scientific American，2014 年 6 月 11 日.

6. 数学世界杯：泊松分布预测巴西世界杯冠军. 环球科学杂志，2014 年 06 月 17 日.

7. Ben Lorica. how to nurture data scientists. http：// www. verisi. com/resources/nurture-data-scientists. htm.

第十四章　地球数学年

　　灵魂的歌者、自然的舞者杰克逊有一首温暖动听的歌曲，叫作"拯救世界"（heal the world），优雅的曲风中抒发着对世界和平、温情以及美好的期许，每每听来都有一种心灵为之净化的感觉。共通互融、和谐共存是人类的一个基调，如何让世界更加美好，如何在地球上和谐地存在，逐渐成为人们共同关心的热题，而在这一历史进程中，数学担当着不可小觑的角色。

1. 数学会让地球更加美好

　　有一张够数学的图片（如图 14.1）生动地说明了数学与地球以及人类的密切关系。

图 **14. 1**　一张够数学的图片/工程师无国界哥伦比亚大学分部

　　图片的括号中是运转不息的地球，左侧是 17 世纪牛顿和莱布尼茨的伟大发明——微分，表示瞬时变化率，表达了我们赖以生存的地球在分分秒秒地发生着变化，图片中的"change the world"则强调了人们不愿被动接受，争做主人，试图改变世界的愿望。它惟妙惟肖地把地球、微分和人类的活动及期望展现出来，我们不禁要问，它为何而作呢？

　　实际上，这是美国无国界工程师组织（Engineers without Borders USA）哥伦比亚大学分会（Columbia University—Engineers without Borders）曾经使用过的一个标志。据美国之音报道，美国土木工程学教授阿马蒂在科罗拉多大学博尔德分校的学生和朋友的帮助下，于 2000 年创建了工程师无国界这个组织，竭诚为 45 个国家的 300 个项目提供志愿者服务，在香港和台湾设有分会，但目前在中国大陆还没有成立分会。这个标志新颖独特，得到很多人的青睐，阿尔文·李还谱写过一首与此有关的优美歌曲"我很想改变世界"（I'd Love to Change the World）。但可能是为了与上级组织统一，这个标志已经寿终正寝，但是以地球为主题的数学活动并未停下脚步，而是如火如荼地开展起来。

　　古希腊毕达哥拉斯学派崇尚万物皆数，认为数是万物的本源，有了数才有点，有了点才有线、面、体，有了这些几何形体才有宇宙万物。由此可以推出，宇宙源于数学，或者说数学创造了宇宙。我们不敢妄言数学有如此神通，但数学的威力已是有目共睹的。它不但是各种科学的工具，而且自 19 世纪起已成为一门独立存在的自在的科学。数学正如无孔不入的水，深刻广泛地影响和改变着人们的生活方式。有真知灼见的科学家们早已认识到了这一点，开展了形式各样的数学普及活动，比如美国的数学推广月、德国的数学年以及各类数学科普刊物和图书的创办和发行等。而这种数学愈演愈烈的形势在 2013 年又有了新的飞跃，那就是 2013 年开始的地球数学年。

2. 地球数学年

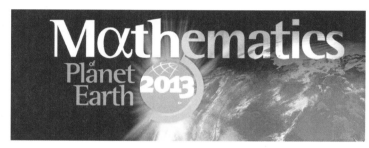

图 14.2　2013 地球数学年标志 /伯克利数学研究所

2013 地球数学年（Mathematics of Planet Earth 2013，MPE2013，如图 14.2）共由 130 多个学术团体、大学、研究机构组成，鼓励有关界定和解决地球基本问题的研究，支持教育工作者们交流有关地球的议题，使人们深入了解数学在地球所面对的各种挑战中所发挥的关键作用，力图把 2013 年打造成地球数学研究史上非同凡响的一年。

2013 地球数学年的创意很好，这个创意主要源于国际数学界对地球所面临的各类问题的先知先觉以及对相关数学问题的极大兴趣。

事实上，地球每时每刻都在发生着变化，这些变化直接决定了人类生活的质量。比如，地幔、大陆、海洋里的地球物理过程，就决定着天气和气候的大气过程，涉及生命物种及其互动的生物过程以及金融、农业、水利、交通、能源等人类进程。另外，由于人口的不断增长，有限的地球资源也会面临挑战。全球人口预计在 2050 年将从 71 亿上升到 95 亿人。而根据"政府间气候变化专门委员会"的数据，在过去的 30 年里小麦的产量却在每个 10 年里减少 2%。显然，我们必须为减缓或逆转这个趋势做点什么，问题是数学能为此做些什么？再加上不断增加的突发的气象灾害，使得反映一般性天气变化的周期增长。因此，对地球及其生态环境的了解是迫在眉睫的。而这些问题涉及多个学科和多个方面，需要这些学科和方面的共同协作，数学恰恰在解释和解决这些问题上具有核心作用，占有绝对优势。因此，地球数学年是适时和迫切的，不但有助于数学内部及数学与其他相关学科进行长期合作，有效地解决问题，而且也会培养出一些研究气候变化及可持续发展等问题的人才。

2013 年 3 月 5 日，国际数学联盟和联合国教科文组织在巴黎的联合国教科文组织的总部一起启动了地球数学年在欧洲的活动。欧洲数学学会副会长桑兹-索勒满怀信心地说："地球数学年项目会通过展示数学的功用、激发科学研究，使得全世界的人们了解和接触数学。数学将不再是与人类的重大问题无关的纯粹智力活动。"

同一天，还在联合国教科文组织开办了以地球数学为主题的开放资源展览。这个展览包括实体与虚拟两个组成部分，后者主要包括视频和触屏互动，是在地球数学年组织的竞赛中获奖的模型。这场竞赛的资料在网上是开放的，可供世界各地的博物馆和学校使用，是这次地球数学展览的有益基石。

这次活动覆盖面广，许多非洲人士也参与进来。博茨瓦纳的伦古做了题为"利用环境控制 HIV 病毒/艾滋病"的演讲。马达加斯加数学学会会长拉可同德拉加亚奥参加了由科学记者贝谢雷主持的专题讨论"数学能为地球做什么"。

3. 地球数学中的热点问题示例

关于地球的一个热点问题可以说是全球变暖。对这个问题有很多争论，甚至有些科学家都不同意这个结论。在这里数学可以扮演一个很好的工具角色。NASA 的科学家建立了一个数学模型，把 1894 年以来每年的地表平均气温进行了计算，并制成了视频。下面这幅图的前 5 行是 NASA 视频中从 1884 年到 2004 年每隔 5 年所得的截图；最后一行是从 2009 年到 2013 年每年的截图（如图 14.3），由于本书是双色的，我们不得不把原来的图片进行简化。这些图以 1951 年到 1980 年这 30 年中的平均气温为基线，蓝色代表低于平均值；灰色则代表高于平均值。

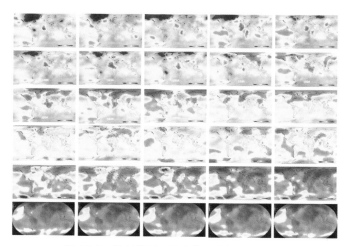

图 **14.3**　视频截图：地球的平均气温/NASA

是不是有全球变暖的现象一目了然。NASA 科学家指出，2013 年的平均气温是 14.6℃，与 2009 年、2006 年并列为自 1880 年以来第 7 个最热的年度。除了 1998 年以外，最热的前 10 个年度都在 2000 年以后。2015 年 1 月，NASA 称，2014 年是仪器温度记录中最热的一年，超过了之前的纪录保持者 2010 年和 2005 年。

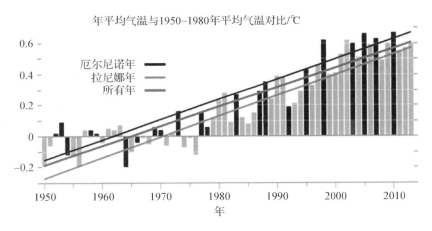

图 **14. 4**　年平均气温对比 /NASA

2013 年的平均气温比 20 世纪中期高了 0.6 摄氏度（如图 14.4）。自 1880 年以来，平均气温上升了 1.4℃。下面的表格是 NASA 给出的最近 17 年全球平均气温变化的统计（如表 14.1）。读者可以 把它们在坐标系上标出，然后找到一条能反映总的温度变化趋势的直线来。

表 **14. 1**　全球平均气温变化的统计

1997	1998	1999	2000	2001	2002	2003	2004	2005	2006	2007	2008	2009	2010	2011	2012	2013
0.46	0.62	0.40	0.40	0.53	0.61	0.60	0.51	0.66	0.59	0.62	0.49	0.59	0.66	0.54	0.57	0.60

但如果每个人用不同的方法计算，就可能得到不同的变化趋势。如此一来，科学家们就失去了共同语言，无法有效地沟通和交流。以表 14.1 中从 1997 年到 2013 年的全球平均气温为例，一种办法是把第 1 个点和最后一个点连起来，我们得到下面图形中

的 1 号直线（如图 14.5）。这条线似乎还挺不错的，但如果我们把时间区间改为 1998 年到 2011 年的话，我们发现用这个方法得到的直线就不能代表相应时间里的温度变化（见 2 号线）。3 号线就是用最小二乘法得到的直线。它的特点是所有的数据点距离这条直线的距离的平方和为最小。如果同样把时间限制到 1998 到 2011 年之间的话，我们看到用最小二乘法得到的直线（见 4 号线）仍然能反映温度变化的趋势。

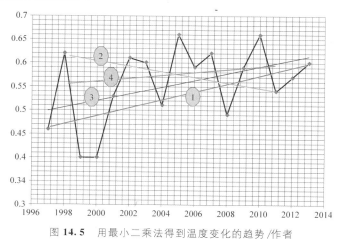

图 **14.5**　用最小二乘法得到温度变化的趋势／作者

因此，科学家们一般都用最小二乘法来计算，在相同的数据的前提下，所得结果就应该是一样的了。

Q 我们在这里提一个问题：用年平均是否合理？还有，南半球和北半球一起平均是否合理？如果不合理，我们应该做怎样的处理？

最小二乘法是高斯在 18 岁时就开始使用的，但是他迟至 1809 年才在其著作《天体运动论》中发表。而法国数学家勒让德也独立地得到了这个方法，并抢先一步在 1806 年就发表了这个方法。当时，高斯闻听后，就找出各种例子说明是他先有了这个方法。这似乎是高斯的一贯做法，经常不急于发表成果，等别人发表了又去争。于是，这里又上演了科学史上的著名桥段——优先权之争。这种争论总是令当事人不愉快的，我们这些历史的看客也会陡生"既生瑜何生亮"之感。据说，因为他们两个人几乎生活在同一个时代，勒让德经常刚刚取得新成果，很快就被高斯超越了，令勒让德十分郁闷。我们说，如果勒让德生活在其他的年代，名气一定比现在大得多。但没有办法，高斯是稀有的天才，估计整个历史上没有几个人和这样闪耀的星星生活在同一个时代，成就不会黯淡无光的。真可谓英雄狭路相逢强者胜，若怪就只能怪勒让德错生了年代。勒让德非常勤奋，为人也相当低调，目前仅仅被发现一张肖像，还是迟至 2008 年才在法兰西学会图书馆发现的。而在 2005 年以前，人们一直误把一位同姓的法国大革命的政治家的肖像当作是数学家勒让德。

有人可能说地球上有周期性的冰河时期。是的，历史上一共有 5 次冰河时期。但是我们其实现在还处于"第四纪冰河时期"。这更说明全球变暖的严重性。欧洲空间局通过他们发射的"地球重力场和海洋环流探测卫星"发现南极冰帽的减少导致了地球重力场的变化。

气象卫星、遥感技术和超大计算机的使用帮助科学家对地球有了更多的了解。下面是 NASA 超级计算机显示的全球海洋洋流的情况（如图 14.6）。这个模型帮助科学家估计海洋对二氧化碳的吸收能力以及南极、北极海冰的融化情况。

天气预报对人们的日常工作生活至关重要，但又是一项特别困难的课题。**题**用简单的拓扑学定理可以证明，地球上至少存在一个没有风的地方。但更多的时候，人们看到的是树欲静而风不止。为了更好地预报天气，人们需要对空气的流动有更精细的量

图 **14.6**　洋流是一个全球整体现象 /作者

化了解。对此，全世界的气象科学家们都在努力。2013 年，NASA 与美国气象科学家联手建立了台风的模型（如图 14.7）。为最终解决台风的预报向前迈进了重要的一步。

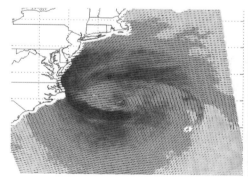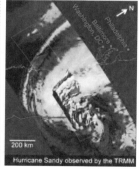

图 **14.7**　台风的电脑显示图 /NASA

　　太阳为地球提供了万物生机赖以生存的能量，但有时候太阳风暴又可能给人类带来灾难。对太阳风暴预报的研究也是一个重

图 **14.8**　日表等离子间歇喷发和日表磁场模型/NASA

要的课题。NASA 和美国大学的学者一起建立了太阳表面磁场计算流体力学模型以研究黑子出现的机制，以及太阳表面日冕辐射磁流体力学模型以研究太阳喷射和太阳风（如图 14.8）。

　　上面仅仅是几个例子，都少不了数学。让我们举一个具体的例子。有一个事实是：太阳的亮度一直在缓慢地增加。天文学家已经建立了太阳亮度的数学模型。下面是一个简单的亮度模型：

$$L = \frac{L_0}{1 + \frac{2}{5}(1-x)},$$

其中 $x = t/t_0$，$t_0 = 46$ 亿年，$L_0 = 1.0$ 是以当今太阳的亮度为参考。**题** 画出 $L(x)$ 的曲线，就能看出太阳亮度将会怎样变化。那么 20 亿年后太阳的亮度会增加百分之多少？对地表温度有什么影响呢？地表温度（开尔文）和太阳亮度的关系可以用式子 $T = 284[(1-A)L]^{\frac{1}{4}}$ 来表示，其中，A 是地表反照率，介于 0 和 1 之间，完全反射的镜面的 $A = 1.0$。**题** 读者不妨算一算，如果 $A = 0.4$，$L = 1.0$，地表平均温度是多少？如果太阳亮度增加 5%，结果又是如何？也许当将来的人们发现地球已经热得不适合人类居住的时候，才发现生活在 21 世纪的人类移民火星的努力是多么正确。

4. 地球数学年初战告捷，未来可期

我们的地球需要我们来护理(如图 14.9)。2013 地球数学年主要围绕着以下 4 个主题展开：

图 **14.9**　视频截图：我们的地球需要我们来护理/NASA

(1)探索地球：海洋、气象与气候、地幔进程、自然资源、太阳系；

(2)支持生命的星球：生态、生物多样性、进化；

(3)人类组织起来的星球：政治、经济、社会和金融体系、交通和通信网络、资源管理、能源；

(4)危机四伏的星球：气候变化、可持续发展、流行病、入侵物种、自然灾害。

联合国教科文组织的参与和赞助，使得地球数学年活动一经出炉就在国际上备受关注和广受好评。2013 年，很多研究机构都相继开办了一些学术项目、研讨会和暑期学校。学术团体和教师联盟也积极响应，在各自的大会中，通过全体会议、特别会议、公众演讲等各种方式插播地球数学。与此同时，2013 地球数学年

还紧扣地球数学的主题，通过举办一些外展活动，向公众和学生解读数学在处理一些亟待解决的世界性难题中的作用。凡此种种使得人们在回答学校里"数学是用来做什么的"这种问题时，能够比较准确地给出具有启发性的答案，从而激发起学生们的积极性和创造性。

地球数学的研究在未来仍将继续。

参考文献

1. Engineers Without Borders USA. http：//www. ewb-usa. org/.

2. Engineers Without Borders International. http：//www. ewb-international. org/.

3. NASA Finds 2013 Sustained Long-Term Climate Warming Trend，2014 年 1 月 21 日.

4. NASA，2013 Continued the Long-Term Warming Trend. http：//earthobser-vatory. nasa. gov/IOTD/view. php？id=82918.

5. N. Scafetta and B. J. West，Is climate sensitive to solar variability? Physics Today，2008 年 3 月.

6. Joseph Malkevitch. 数学与气候. http：//www. ams. org/samplings/feature-column/fcarc-climate，美国数学会网页.

7. MPE2013 moves into Mathematics of Planet Earth. http：//mpe2013. org.

8. 蔡晓宇. 2013 地球数学年. http：//www. ncmis. cas. cn/kxcb/jclyzs/201303/t20130317_106530. html.

9. Stephen M. Stigler，Gauss and the Invention of Least Squares，The Annals of Statistics，1983，Vol. 9，No. 3，465—474.

10. Five-Year Global Temperature Anomalies from 1880 to 2012，NASA/God-dard Space Flight Center Scientific Visualization Studio. http：//svs. gsfc. nasa. gov/cgi-bin/details. cgi？aid=4030.

第十五章　需要交换礼物的加德纳会议

在林林总总的数学会议中，有一个会议别出心裁，要求与会者都要准备一份别致的礼物，彼此互相交换。这就是受趣味数学大师加德纳启发，并以其名字命名的加德纳会议（Gathering 4 Gardner，Gathering for Gardner 或 G4G，如图 15.1）。它是一个公益会议，赢得了愈来愈多的关注和参与，与当今科学家们所倡导的"科学是一种公益"的思想互相呼应。

图 **15.1**　加德纳会议/维基百科

1. 加德纳——从作家到趣味数学家

1914 年，一个新生儿（加德纳）在一个石油勘探师家里呱呱坠地，从小他就表现出了对谜语和游戏的兴趣，但谁也没有想到他日后会在这方面大有作为。许多人因他而迷恋上数学，走上数学的道路。他虽没有惊人的数学成就，但他对数学发展的贡献之大、影响之深，即便很多大数学家也无法匹敌。

图 **15.2** 加德纳/维基百科

　　虽然他有数学的天赋和兴趣，但是他的最大理想并不是成为一名数学家，而是怀揣着一个作家的梦。他为此一直努力着，不失时机地寻找一些练笔的工作机会，这一点从他的履历中可窥一斑。1936 年他从芝加哥大学哲学专业毕业，然后回到家乡当上了《民友报》的记者。第二次世界大战开始后，他入伍美国海军，在一艘军舰上当了 4 年的文书上士。这些经历无疑都锻炼了他的写作能力。战后，他返回芝加哥大学攻读研究生学位，但似乎并没有获得一个学位，这很可能是由于他在灵魂深处有了新的自我认知和定位。他经过独立的思考，放弃了自己的宗教信仰，成了一个"怀疑论者"。20 世纪 50 年代初，他搬到了纽约市，当上了美国著名儿童读物《矮胖子》(*Humpty Dumpty*)的执笔和设计师。他一定是挺喜欢这份工作的，一干就是 8 年，和他的作家梦也很契合。人的一生是一条婉转的河，流唱着不可预知的曲调，也许在某个时间的节点就会出现大的转机和改变，而加德纳的人生经过时间的酝酿，终于迎来了可喜的机遇。在他于这本杂志上发表了一系列折纸拼图后，引起了《科学美国人》杂志社的注意。他的作品开始在《科学美国人》等其他报纸杂志上发表。从此，他都是以自由撰稿人的身份维持全家的生计。1957 年他在《科学美国人》上开始主办一个专栏"趣味数学"。原来他在 1956 年 12 月的一期上发了一篇关于"六边形"的文章并得到好评。编辑干脆建议他主持一个专栏，有点类似我们的《数学通报》征解栏目。从 1957 年 1 月正式开始，他足足坚持了 25 年。1959 年，他把自己的文章合辑成文集出版，书名就叫作"*Scientific American Book of Mathematical Puzzles and Diversions*"（如图 15.3）。以后陆续出版了 14 本续集。

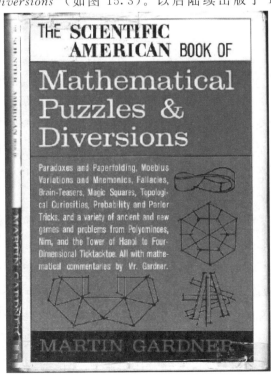

图 **15.3**   加德纳的著作/科学美国人

1979 年他和夫人举家搬迁到了北卡，开始了半退休生活，发表的文章渐渐少了，他的专栏出现了其他作者的作品。1986 年 6 月发了最后一次后正式宣告停止。

　　虽然如此，他的影响已经遍及全世界。他的作品让广大普通读者和数学家都为之着迷，数学家康威与其合作者甚至把他们的名著《取胜之道》献给加德纳。献词说："献给加德纳，在数学上受益于他的人以百万计，远远超出其他任何人"。他因此荣获美国物理学会及美国钢铁基金会的优秀科普作家等荣誉。其实他原本可以得到更多的奖项，但因他不愿在公共场合抛头露面而谢绝了一些奖励。值得一提的是，他十分喜欢数学家卡洛尔的作品，为卡洛尔的风靡世界的《爱丽丝漫游奇境记》写了一个精彩的注释本，叫作《注释版爱丽丝》，介绍了作者的背景，解释了书中的历史、传说、诗歌、学者的评论和关于某些情节的争论，以及一些隐藏在文本之中的文字。他的《手绢里的宇宙》一书则介绍了卡洛尔的一些数学游戏。除此之外，他还写过《注释本绿野仙踪》，甚至为《绿野仙踪》写了一个续集，叫作《奥兹国的客人》。译著《啊哈，灵机一动》也是他的经典书籍。据统计，他的著述多达 100 本左右。

　　他的作家梦实现了，而且成功完成了文理跨界的高难度动作。也许我们很难想象这样一个数学家其实有"数学学习障碍症"，在高中后就没有上过任何数学课。原来的典型文科生实现了一个令人难以想象的华丽转身。生活就是这样奇妙，在流逝的时光里总不忘带给人们惊喜。从他 96 年的人生旅程来看，对数学的兴趣，对写作的爱好，是助他事业腾飞的双翼。在他这里，机会总是留给有准备的人，同样是一句至理名言。在一次记者采访时，他总结了自己的一生："我一辈子都在玩，幸运的是有人出钱让我玩"。

能把自己的职业与兴趣相结合，应该是我们每一个人的追求。加德纳对数学普及的贡献可以说是首屈一指，许多大数学家都说他们是被加德纳引上数学之路的。万精油在加德纳去世时写过一篇纪念文章，最后用一首小诗来概括："马丁·园丁，数坛耕心，育人无数，千古垂青"。

2. 加德纳会议

加德纳曾经表示，永远不会去做演讲，但 1993 年他还是抵挡不住游说，参加了一次有共同志趣的朋友聚会。这个聚会就是后来的"加德纳会议"的雏形。自 1996 年起，这个会议每两年举办一次，它的宗旨在于向加德纳致敬，聚会地点特意选在了加德纳晚年幽居的美国佐治亚州亚特兰大市。这是一场全世界数学游戏爱好者的盛会，与会者从世界各地蜂拥而至，其中的大多数人是数学家、魔术师和益智游戏爱好者。会议的内容丰富有趣，涉及数学、逻辑、游戏、谜题、魔术、行为艺术，益智书籍展览等。

这个会议与其他会议有所不同，最独特的创意是每次会议都有礼物交换的环节，与会者可以交换拼图、魔术、艺术品、数学论文、新颖的游戏、书籍和光盘等，而且明令要求所交换的礼物是原创的。我们可以感受一下一些往年的礼物：六面体的数学骰子（MATHd6）、O 形的蛋托（eggs-o-skeletons）、加德纳球（Gardner ball）（如图 15.4），是不是很有创意呢？

加德纳会议已经举办了 10 多届，2013 年 3 月 19 日至 23 日在亚特兰大市举办的第 11 届加德纳会议，主题是数学家康威。与以往会议一样，这次会议特别强调了与会者要交换礼物。礼物可以是实物，也可以是 PDF 格式的论文。主办方希望大家在会议之前

图 **15.4** 加德纳会议上的礼物/加德纳会议基金会

就把礼物寄到组委会，而不希望大家直接将礼物带到酒店导致存放、运输和执行等方面的一系列问题。如果大家坚持要将礼物随身带到酒店，那么需要提前通知专门的负责人进行安排。会议结束后，剩余的礼物捐赠给了地方学校。若是贵重的礼物，则退还与会者一些花费。会议厅外设置了书籍展览，大多数书籍只能订购，不现场出售，但与会者可以享受 30％的优惠和免费送货的待遇。

3. 托里拆利小号

里切森就亲身体验了第 11 届加德纳会议。他在会议结束时收到的礼物袋十分惊人，有异国情调的骰子、巧妙的谜题、独特的扑克牌、数学耳环、3D 打印产品、炫酷的铅笔、益智书籍和艺术品等，而且几乎所有的礼物都是手工制作的。而他提供的礼物则是一个如何制作托利拆里纸小号的说明和模板。

托里拆利小号（Torricelli's Trumpet）是由意大利数学家托里拆利所发明的一个表面积无限大但体积有限的三维形状。托里拆利将 $y=1/x$ 中 $x \geqslant 1/2$ 的部分绕着 x 轴旋转一圈，得到下面的小号状图形。注意，下图只显示了这个图形的一部分。这个发现是在微积分发明前用祖暅原理得出的。然后他算出这个小号的表面积无穷大，可体积却是 2π。显然，这与人的直觉相违背。通俗地讲，填满整个托里拆利小号只需要有限的油漆，但把托里拆利小号的表面刷一遍，却需要无限多的油漆。也就是说，它的体积有限，表面积却无限。这在数学上其实是一个几何悖论。

这个小号又称为加百利号角（Gabriel's Horn，如图 15.5），根据宗教传说，天使长加百利吹号角以宣布审判日（Judgment Day）的到来。

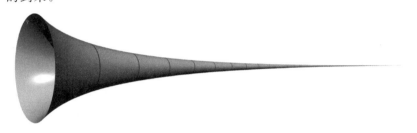

图 **15.5**　托里拆利小号 /维基百科

下面，题我们一起尝试着用纸亲手做一个托里拆利小号。

第 1 步（如图 15.6），在函数 $y=1/x(x \geqslant 1/2)$ 上任取一点 $(a, 1/a)$。过点 $(a, 1/a)$ 作函数 $y=1/x(x \geqslant 1/2)$ 的切线，得到切线的方程为：$y-1/a = -(x-a)/a^2$。在切线方程中，令 $y=0$，得到 $x=2a$，即切线与 x 轴的交点为 $(2a, 0)$。点 $(a, 1/a)$ 与点 $(2a, 0)$ 的距离是 $(a^2+1/a^2)^{1/2}$。

第 2 步，将切线绕 x 轴旋转，得到一个圆锥面。将得到的圆锥面切割并展开，得到一个扇形。扇形的半径为 $(a^2+1/a^2)^{1/2}$，扇形的圆心角为 $(360/\sqrt{a^4+1})^\circ$。

第 3 步（如图 15.7），点 $(a, 1/a)$ 与点 $(1/2, 2)$ 之间曲线段的长度为 $\int_{0.5}^{a} \sqrt{1+\dfrac{1}{x^4}}\mathrm{d}x$，根据这个长度公式，可以把函数 $y=1/x$

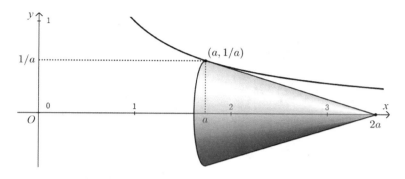

图 **15.6** 第 1 步示意图/里切森

$(x \geqslant 1/2)$分为等长度（例如 0.25）的若干部分，并计算出各个分割点的坐标。在各个分割点上作函数 $y = 1/x (x \geqslant 1/2)$的切线，并根据$(a^2 + 1/a^2)^{1/2}$和$(360/\sqrt{a^4 + 1})^0$计算出对应圆锥面展开扇形的半径和圆心角。

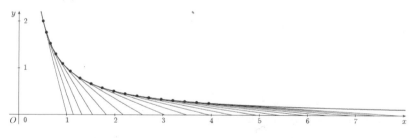

图 **15.7** 第 3 步示意图/里切森

第 4 步（如图 15.8），按照上面得到的半径和圆心角，用纸裁剪出需要的扇形，然后卷成需要的圆锥面，这些圆锥面与托利拆里小号在对应分割点处相切。将这些圆锥面按照顺序组合在一起，就得到了托里拆利纸小号。

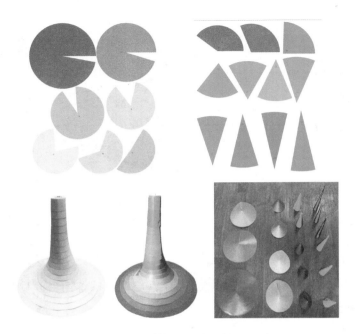

图 **15.8**   托里拆利小号的制作／里切森

4. 趣味数学

同样是在第 11 届加德纳会议上，智力游戏设计者福希还提出一个有趣的问题：题"我有两个孩子，其中一个是男孩且出生在星期二，请问我有两个儿子的概率是多少？"

这个问题的答案是什么呢？也许有人会认为，答案与星期二无关，问题实际上可简化为"男女、男男、女女"的问题。但是问题中的星期二确实是有关联性的。

在这次会议上，还有一个问题受到广泛关注。那就是早在 50 年前，冠名会议的加德纳在《科学美国人》上提出的一个具有挑战性的问题：题 你能否找到一个摆放 7 支香烟的方法，使得其中任意一支香烟都能够与其他每一支香烟有接触呢（如图 15.9）？

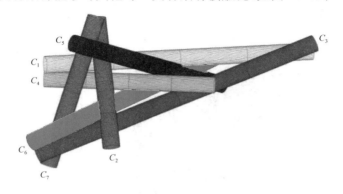

图 **15.9** 7 支香烟问题的解 /布佐基，李宗镂，罗尼奥伊

加德纳自己给出一个方法，但却不尽如人意。因为一些香烟的末端接触到了其他香烟的侧面，这样一来，如果点燃香烟的这一末端，它就不会再与相邻的香烟接触啦。数学家们十分想知道，对于无限长的圆柱体来说，是否可以找到一种仅其侧面相互接触的方法。

在这次会议上，布达佩斯的匈牙利科学院的数学家布佐基，对这个问题给出了一个很好的解决方案。2013 年夏天这个方案已在线发布在 arXiv.org 上。首先，他和同事们利用计算机耗时 3 个月解出了由 20 个变量组成的 20 个方程；然后，他们运用 2012 年经由计算机科学家改进的牛顿所发明的一种验证方法，来证明他们用计算机得到的这个解不是计算机舍入误差的产物，因而是确实可行的。最后，他们通过构建木头模型来验证其结果。不过，布佐基指出这个模型不能验证这个结果，因为制造误差比计算机可能做出的任何错误都大得多。加德纳提出的问题在加德纳会议上探讨确实很具有纪念意义。

这个解法是唯一的吗？不是的。事实上，他们还给出了另一个解法（如图 15.10）。

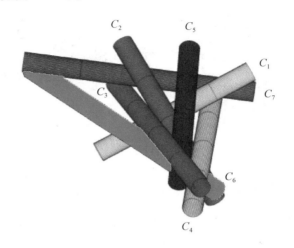

图 **15.10**   7 支香烟问题第 2 解 /布佐基，李宗镂，罗尼奥伊

Q 人们自然又会问，有没有办法让 8 支香烟两两相接触呢？答案是肯定的，但要增加一些条件。有兴趣的读者可以参阅参考文献中的论文。

7 支香烟问题只是大量趣味数学中的一个小问题。如果读者翻阅了有关论文的话，就能发现，它的解涉及大量的数学计算。我们在第九章"美妙的几何魔法——高立多边形与高立多面体"里介绍一类与几何相关的趣味数学问题，在第 1 册第二章"路牌上的数学、计算游戏 Numenko 和幻方"里介绍与数学游戏有关的趣味数学问题。

这些年来，加德纳的影响之大已经不言而喻。2014 年 4 月，美国数学普及协会推出新一年的美国数学推广月，把主题定为数学、魔术和玄虚，制作了一幅月历，每个小图代表这个月的一天，点击小图就会出现与这个图相关的数学知识和魔术，不需要有太多的数学知识储备，只知道简单的数学原理就可以玩儿里面的数学魔术，非常有趣。可惜的是，它有时间限制，过了特定的时间，有的网页就进不去了。

图 15.11　中国古代益智游戏/中国古代益智游戏网①

趣味的益智数学游戏不仅能培养人们对数学的兴趣，而且还可以激发人们的创造力和提高人们的逻辑思维能力。中国也有很多益智的游戏（如图 15.11），比如七巧板、九连环、巧环和鲁班锁等。九连环是以金属丝制成的 9 个圆环，将圆环套装在横板或各式框架上，并贯以环柄。按照一定的程序反复操作，就可使 9 个圆环分别解开，或合而为一。看似只有 9 个环，但要解开它却一

共需要 341 步之多。每上或下一个环，就算一步，而不是在框架上滑动。实际上九连环的解下和套上是一个对逆过程，有兴趣的读者可以尝试。

从加德纳在 2010 年 5 月 22 日去世后，全世界的人们每年都要自发组织纪念他的活动。但由于他生前表示，不希望人们对他的离世有任何纪念活动，所以人们为了纪念他，就选择他的生日（即 10 月 21 日）这一天，在世界各地举行纪念会。会议鼓励大家表演魔术、分享谜题或趣味数学问题。中国也有一些庆祝活动，比如，2011 年，北京玩具协会曾在新街口的肯德基二楼举办过加德纳纪念会（如图 15.12），魔术大师傅腾龙及其儿子傅琰东都参与并表演了魔术节目。

图 **15.12** 中国的加德纳纪念会/中国古代益智游戏网①

———————————

① 版权归中国古代益智游戏网所有。

最后，我们想要说的是，就数学游戏的发展程度来看，西方国家水平较高，中国目前还有很多方面需要与国际接轨。趣味数学本来是不需要修课的，但如果真想学习一下，可以选择可汗学院的游戏课程，也可以上中国古代益智游戏网关注一些动态。也许在国内推动数学游戏发展的最佳方式，就是开展类似于加德纳会议这样的交流活动吧。想一想，题 如果你真有这样一次机会，你会准备一个什么礼物呢？

参考文献

1. 万精油. 纪念趣味数学大师——马丁·加德纳. 数学文化. 2010，1(4)：32—35.

2. 武夷山. 数学谜题大师马丁·加德纳. 新华书目报科技新书目. 2013 年 11 月 28 日.

3. Dana Mackenzie. A tale of touching tubes，Science News，May 3，2014.

4. 加德纳. 最后的消遣：九头蛇、鸡蛋与其他数学之谜. 上海：上海科技教育出版社，2010.

5. Dave Richeson，Gabriel's paper horn，2014 年 3 月 25 日.

6. 艺智堂. 杂谈马丁·加德纳聚会和纪念会. http：// blog. sina. com. cn/s/ blog _ a213f5ce01013msq. html.

7. Gathering 4 Gardner Foundation. http：// gathering4gardner. org/.

人名索引

A

C

陈梦家(1911—1966)　§1.1

赤哈乔夫(Pyotr Chikhachev，1808—1890)　§10.2

D

戴德金(Julius Wilhelm Richard Dedekind，1831—1916)　§5.3

戴森(Freeman Dyson，1923—　)　§11.4

丹尼尔·伯努利(Daniel Bernoulli，1700—1782)　§10.5

得罗·阿涅西(Don Pietro Agnesi，1690—1752)　§11.5

狄利克雷(Peter Johann Dirichlet，1805—1859)　§10.3

狄温森提斯(Joe DeVincentis)　§9.2

笛卡儿(René Descartes，1596—1650)　§1.5

杜鲁门(Harry S. Truman，1884—1972)　§2.1

杜特尼(A. K. Dewdney，1941—　)　§9.0

E

恩格斯(Friedrich Von Engels，1820—1895)　§6.6

恩诺皮德斯(Oenopides of Chios，前 500 年左右)　§5.4

F

菲奥伦蒂尼(Mauro Fiorentini)　§9.1

费马(Pierre de Fermat，1601—1665)　§11.5

费曼(Richard Feynman，1918—1988)　§4.7

费舍尔(Bernd Fischer，1936—　)　§11.4

弗格森(D. F. Ferguson)　§4.1

弗朗索瓦·卢卡斯(François Édouard Anatole Lucas，1842—1891)

J

K

M

N

【附录】 数学都知道，你也应知道

　　"数学都知道"作为第一著者在科学网博客的一个专栏是从转摘奇客(Solidot)的几篇数学报道开始的。奇客是"ZDNet 中国"旗下的科技资讯网站，主要面对开源自由软件和关心科技资讯的读者，包括众多中国开源软件的开发者、爱好者和布道者。它发布的数学消息虽不多，但特别能跟上时代的步伐，而似乎很多数学爱好者并不知道。于是，第一著者决定把它的数学消息转摘到博客里，为数学传播略尽绵薄之力。为了建立一个自成品牌的系列博文专栏，特意选择"数学都知道"作为标题，一来这个词组从未有人使用过，二来它兼有"数学"和"传播"两种意味，恰恰符合著者的初衷，可以说"数学都知道"有一定的自身特色，也带有强烈的使命感。

　　"数学都知道"尽量收集互联网上最新的有关数学的信息。从开始只有文字表述，到后来增加了插图，再后来又开始收入科学网博客里的数学博文，信息量随之增大。从 2010 年 4 月 5 日起，每个月至少出一期。这个专栏其实相当于一份电子期刊，收录国内外中英文网站、博客、微博、论坛上的数学科普文章，精心编辑刊首语、题目、摘要、图片。对于国内的一些读者，考虑到语言可能是一个屏障，所以会给出一些英文文章的中文说明，引导读者去阅读。每一篇文章亦都有链接，可以使读者看到全文。特别要提醒大家的是，虽然有些网页不能打开，但是只要能打开的，一定要在那个网站上多浏览一番，应该能发现很多有益的内容。

　　这个专栏推出之后，一直受到读者的鼓励与好评，科学网编辑也注意到了这个专栏，后来几乎每期都加精，甚至置顶，看到的人越来越多，喜欢它的人也越来越多，着实令著者欣慰。当然由于是著者个人自发的行为，时间和精力又都很有限，有时难免会有一些不该收录进去的条目。在此，非常感谢热心读者提出的宝贵建议和意见！同时也提醒读者朋友们在阅读"数学都知道"时也要注意识别信息，选取对自己有用的资讯。总之，衷心希望"数学都知道"能够带给读者朋友们一丝收获和帮助！下面摘录一些过去在"数学都知道"专栏里收集过的条目，使那些从未接触过它的读者感受一下它的内容。希望那些对数学应用感兴趣的读者到科学网继续跟踪这个专栏。

【连线】避免下一次大断网的数学
http：// www. wired. com/wiredscience/2013/03/math-prevent-network-failure/
在一个经济体系里，城市基础设施建设甚至人们都在相互关联的网络系统中，有一个叫作"极端脆弱性相互依存关系"的数学模型。
【Marcus Kracht】语言的数学
http： // www. linguistics. ucla. edu/people/Kracht/courses/compling2-2007/ formal. pdf
这是加州大学洛杉矶分校的一位语言学教授写的书。不能不佩服他在数学上的功底。本书从数学的角度研究了语言和语言学。他从蒙太古文法出发，发展了一套语言学的数学基础。本书包括了读者所需的一切背景知识。数学上包括了大学代数、抽象代数和逻辑的内容。重点放在了抽象的数学结构和它们的计算性质上。
【空间日报】模拟太阳系演化的数学模型
http： // www. spacedaily. com/reports/The _ mathematical _ method _ for _ simulating _ the _ evolution _ of _ the _ solar _ system _ has _ been _ improved _ 999. html
巴斯克自治区大学（University of the Basque Country）的计算数学家改进了计算太阳系演化的数学模型，使其结果更快更准确地得到。参与此工作的还有来自华伦西亚大学和巴黎天文台的计算机学家、物理学家、天文学家。相关论文发表在"Applied Numerical Mathematics"上，题目是"New families of symplectic splitting methods for numerical integration in dynamical astronomy"。

续表

【维基百科】接吻数问题
http：//en. wikipedia. org/wiki/Kissing _ number _ problem
 Wikipedia　　几何上，一个接吻数（Kissing number）可定义为互不覆盖且每一个都与某一个指定的单位球面相接触的单位球面的数量。接吻数也叫牛顿数（Newton number）和接触数（contact number）。
【空间日报】建立时空理论联系的新的数学模型
http：//www. spacedaily. com/reports/New _ mathematical _ model _ links _ space _ time _ theories _ 999. html
英国南安普敦大学的研究人员在探索宇宙结构秘密上取得重要进展。"近期的主要理论物理学的进展之一是全息原则。按照这个思路，我们的宇宙可被看作一个全息图，而我们则想知道如何制订这个全息宇宙的物理学定律。"一篇新的论文把负弯曲的时空和平直时空联系起来。
【科学日报】用数学来杀癌细胞
http：//www. sciencedaily. com/releases/2013/06/130614082643. htm
有种病毒专杀癌细胞。科学家们用数学模型解析病毒的复制周期，癌细胞与正常细胞的生理区别，改动病毒的基因来绕开癌细胞的防御系统。科学新闻的报道除了这个醒目标题以外，第一句话就是，上数学课要专心。
【Daniel Walsh】玩侦探与卷帘照片
http： //　danielwalsh. tumblr. com/post/54400376441/playing-detective-with-rolling-shutter-photos
 Daniel Walsh　　你在乘坐飞机的时候，可能见到过机翼上的螺旋桨转动时会产生上面这样的视觉效果。假如你有一部iPhone手机，你能否用它上面的相机来计算一下螺旋桨的转速？它有多少叶片？
【BBC】玛丽，数学女皇
http：//www. bbc. co. uk/news/magazine-21713163

续表

| 玛丽·卡特赖特（Mary Cartwright）是混沌理论的开创人之一。1938 年，英国政府给伦敦数学会发函，请求帮助解决一个奇特的方程，后来人们知道它与当时还是机密的雷达的开发有关。玛丽是怎么帮助的呢？ |

【实验数学】101 个主要近代数学的资讯

http：// experimentalmath. info/blog/2013/08/101-prime-resources-on-advanced-mathematics/

有时候感觉罗列越多越没用。还好这篇只给出了 101 个中的 6 个。它们是：美国数学会博客、数学百科、π 的搜寻、定理证明器、在线整数系列百科和 Wolfram 数学世界。

【Probability Puzzles】软件中还未发现的错误数量的估计

http：// bayesianthink. blogspot. com/2013/09/estimating-unseen-bugs-in-software. html

所有的软件都存在错误，质量控制人员必须知道一个软件大致的质量。如何估算还未发现的错误呢？

【Diane Hoffoss】85 个数学家正在做的职业

http：// home. sandiego. edu/~dhoffoss/careers/cando. html

很多人问学数学以后，除了在大学里还能到哪里找工作。这里是 85 个工业界的例子。名字都略去了，只有应用数学的方向。

四个 JavaScript 数学库

http：// blog. smartbear. com/testing/four-serious-math-libraries-for-javascript/

它们是：numbers. js；Numeric Javascript；Tangle；accounting. js。

【美国数学会】视觉洞察力

http：// blogs. ams. org/visualinsight/

视觉洞察力是一个有助于解释数学高级主题的分享惊人图像的地方。所以美国数学会专门设立了这个博客，任何人都可以把自己的作品投到这里。

【Artem Kaznatcheev】所有模型都是错误的吗？

http：// egtheory. wordpress. com/2013/11/06/wrong-models/

续表

 Wikipedia	统计学家乔治·博克斯（George E. P. Box）有一句名言："所有模型都是错误的，但有些是有用的"。大多数模型都是启发式模型。它们生来就不是为了完全模拟现实的，但它们可以传递一些有意思的信息，为人们提供新的思想。

【Diane Maclagan】热带代数几何导引

http://arxiv.org/abs/1207.1925

> 热带几何是数学的一个分支，"热带"一词源于部分法国数学家对巴西的刻板印象。概而言之，热带几何可谓是分片线性化的代数几何。它在计数代数几何中有重要的应用。

【phys.org】数学模型为民间故事的起源和发展提供了线索

http://phys.org/news/2013-11-mathematical-insights-evolution-folk-tales.html

> 对民间传说的由来的研究有了新的进展，这就是通常生物学家们使用生命进化树图方法。英国杜伦大学的 Jamie Tehrani 博士用数学方法显示《小红帽》(Little Red Riding Hood)与《狼和七只小山羊》(The Wolf and the Kids)同源。

【Erich Friedman】数学家周期表

http://www2.stetson.edu/~efriedma/periodictable/

 Erich Friedman	利用化学元素周期表，Friedman 教授制作了一个数学历史名人周期表。他绝对是趣味数学专家，他的网页上的内容非常丰富。一定要浏览一遍。

【Slava Gerovitch】发明了现代概率论的人

http://nautil.us/issue/8/home/best-of-2013-the-man-who-invented-modern-probability

> 这是介绍柯尔莫哥洛夫的一篇新的文章。除了其工作以外，还讲一些八卦。他刚开始学历史，写了一篇论文证明一个历史事实，老师说证明历史事件，一个证明不够，需要 5 个证明。他一气之下改学数学。他说，数学证明只需一个就够了。文章还说，柯尔莫哥洛夫在苏联的"文化革命"中为求自保，参加批斗他的老师鲁津。在道德方面的决策中他投机成功，概率算得准，确保了自己继续工作的自由。他的学生中最著名的大约要算 Arnold 和 Gelfand。他有 82 个博士生，博士后的总数是 2 354 个。

续表

【Ripples】用 R 语言构建仿射变换分形
http：// aschinchon. wordpress. com/2014/01/05/building-affine-transformation-fractals-with-r/
构造分形的一个办法是采用"多次缩小复制机"算法（Multiple Reduction Copy Machine algorithm），而这个算法是对种子图片进行多次仿射变换。这个过程可以用 R 语言来实现。有源程序。
【Lê Nguyên Hoang】一个新的叫"平均场游戏"的大鱼
http：// www. science4all. org/le-nguyen-hoang/mean-field-games/
平均场游戏是一个在大的人口中小范围个体互动中的决策问题的理论。从这个意义来说，就像是海洋里的单只鱼的互动。
【西山丰】条形码上有什么？
http：// www. osaka-ue. ac. jp/zemi/nishiyama/math2010/barcodes. pdf？
Wikipedia　西山丰（Yutaka Nishiyama）是一位日本大阪大学经济学教授，写了很多数学科普作品。这是一篇关于条形码的很好的数学科普文章。
【Math Drudge】为什么数学是美的，为什么这是重要的？
http：// experimentalmath. info/blog/2014/02/why-mathematics-is-beautiful-and-why-it-matters/
科学家们指出，古往今来，经常有一些惊奇，数学在描述自然界方面不仅取得显著的成功，而且最好的数学公式通常是那些最美丽的。而几乎所有的数学家对重要的数学工作都用诸如"意外""优雅""简约"等术语来说明"美"。但它的重要性在哪里呢？
【David Wees】数学家如何用数学找住房
http：// davidwees. com/content/how-i-used-mathematics-choose-my-next-apartment
有一个漂亮的数学算法，人们可以在挑选最好的公寓时，用来优化自己的机会，就是秘书问题（secretary problem）。这个方法可以用于很多场合，比如雇人。
【Lê Nguyên Hoang】结婚问题及其变异
http：// www. science4all. org/le-nguyen-hoang/marriage-problem-and-variants/

续表

爱情永远是一个长盛不衰的话题。为人们配对儿是一个巨大的挑战。当我们必须考虑人们的喜好倾向时，问题就更复杂了。如何解决呢？请读此文。

【Artem Kaznatcheev】数学肿瘤学中的误导性模型

http：// egtheory. wordpress. com/2014/03/05/misleading-models-in-mathe-matical-oncology/

Philip Gerlee 认为，数学肿瘤学仍然空缺，还没有一个例子说明数学肿瘤学对患者提供了不同的治疗效果。

【Jeremy Kun】贝塞尔曲线和毕加索

http：// jeremykun. com/2013/05/11/bezier-curves-and-picasso/

Picasso

毕加索喜欢画一些简单曲线的作品，他画过不少动物的图案。看看它们与贝塞尔曲线有什么关系。另有动态"贝塞尔曲线模拟"。

【Jenny Tompkins】介绍用纽结理论为 DNA 建模方法

http：// www. rose-hulman. edu/mathjournal/archives/2006/vol7-n1/paper13/v7n1-13pd. pdf

这是一个美国大学生的项目，介绍如何用纽结理论研究 DNA。

【科学美国人】数学模式揭示海冰融化的动力学

http：// blogs. scientificamerican. com/observations/2014/03/13/mathemati-cal-patterns-in-sea-ice-reveal-melt-dynamics/

这篇文章介绍犹他大学 Ken Golden 教授对海冰的研究。海冰在过去的10 年里迅速消退，北冰洋的海冰已经低于历史记录的最低点。但人们的气候模型没有反映这个事实，而海冰对世界气候至关重要。

【Jack van Wijk】塞弗特曲面画廊

http：// www. win. tue. nl/～vanwijk/seifertview/knot _ gallery. htm

续表

J. Wijk

数学上，塞弗特曲面（Seifert surface）是一个边界为一个纽结或链接的曲面。从艺术上呢，是美丽的曲面。这里有 18 个塞弗特曲面，是用 SeifertView 创作出来的。

【Flazx Books】免费数学电子书

http://flaxxbooks.blogspot.com/

这是一个免费图书大全 Z 网站。有数学的，也有计算机的。

【维基百科】搬动沙发问题

http://en.wikipedia.org/wiki/Moving_sofa_problem

Wikipedia

1955 年，澳大利亚数学家 Leo Moser 提出问题：在一个 2 维平面 L 形区域里移动一个家具，问可以通过这个区域的这个家具的形状。这仍然是一个未解决的问题。

【科学美国人】数学印象：自行车拉动之谜

http:// www.scientificamerican.com/article/mathematical-impressions-the-bicycle-pulling-puzzle/

如果你向后拉动自行车的脚踏板，车是向前走还是向后走？你的直觉很可能是错误的。知道答案后还应该问一个为什么。

【Jacopo Notarstefano】图灵的向日葵

http://jacquerie.github.io/sunflower/

在给年轻动物学家 J. Z Young 的信中，英国数学家图灵宣布，他的胚胎学理论可以解释叶子的排列与斐波那契数之间的关系。德国物理学家 Helmut Vogel 给了一个比较合理的解释。这里给出的交互式可视化显示，即使是很小的偏差也会确定不同的形状。

续表

【休斯敦大学】数学模型被整合到合成生物学研究中
http：//www.spacemart.com/reports/Math_modeling_integral_to_syn-thetic_biology_research_999.html
合成基因电路往往易碎，而且环境的变化经常改变它们的行为。休斯敦大学的学者把他们的研究重点放在基因电路的工程上，他们创造了一个数学模型用以评估合成生物学研究中的设计参数，以便达到抵消温度变化的目的。

【一个数学文摘周刊：Math Munch】
http：//mathmunch.org/
如果读者想了解更及时的数学资讯，可以阅读数学文摘周刊 Math Munch。

【Math Munch】楚驰特砖
http：//mathmunch.org/2014/04/11/truchet-truchet-truchet/

Wikipedia

塞巴斯蒂安·楚驰特（Sebastien Truchet），又名佩尔·塞巴斯蒂安是一位多米尼加教父。这里介绍的是他的楚驰特砖（Truchet tiling）。其实楚驰特砖特别简单：一个正方形，用一条对角线分成两个颜色。但很多楚驰特砖用不同的组合可以做出千变万化的图形。

【Ghilbert Home】Ghilbert——数学形式证明数据库
http：//ghilbert-app.appspot.com/
Ghilbert 是数学爱好者在数学证明上合作的网站。它保存了大量的证明和许多帮助你写证明的工具。这些证明比你在一本教科书中发现的任何证明都更详细。每一步都有精确的细节，可以直接追溯到一个基本公理或定义。Ghilbert 与 Metamath 密切相关。数学证明的维基网站：http：//www.proofwiki.org/wiki/Category：Proofs